L'INCROYABLE

ATLAS DU MONDE

lonely planet Junior

SOMMAIRE

AUTOUR DU MONDE

AUTOUR DU MONDE (SUITE)

QUIZZ ET INDEX

Comment utiliser cet atlas

L'Incroyable Atlas du Monde te permet de te repérer facilement

Les différents chapitres de cet atlas présentent les sept continents, dans l'ordre suivant : Amérique du Nord, Amérique du Sud, Europe, Asie, Afrique, Océanie et Antarctique. Pour chaque continent, tu trouveras ensuite des informations sur les grandes régions ou sur les pays correspondants.

Si tu recherches des informations sur une région ou un pays spécifiques, tu peux directement consulter l'index.

CONTINENT
Chaque continent est présenté sur quatre pages. Les deux premières regroupent les informations essentielles, telles que son emplacement, son climat et sa population.

CARTES
Des cartes illustrées t'indiquent les principales caractéristiques géographiques du continent (montagnes, rivières, vallées) et quelques-uns de ses animaux, sites ou monuments les plus emblématiques.

MAPPEMONDE
Un petit globe terrestre t'aide à situer chacun des continents.

PAYS VOISINS
Sur certaines cartes, les pays limitrophes sont également indiqués.

NOMS DES PAYS
Sur chaque carte figure le nom de tous les pays du continent.

CHIFFRES SUR LA CARTE
Les dessins numérotés sur la carte renvoient à la légende figurant en encadré.

SURPRENANTE AFRIQUE…
Les 3e et 4e pages présentent le continent de manière plus approfondie.

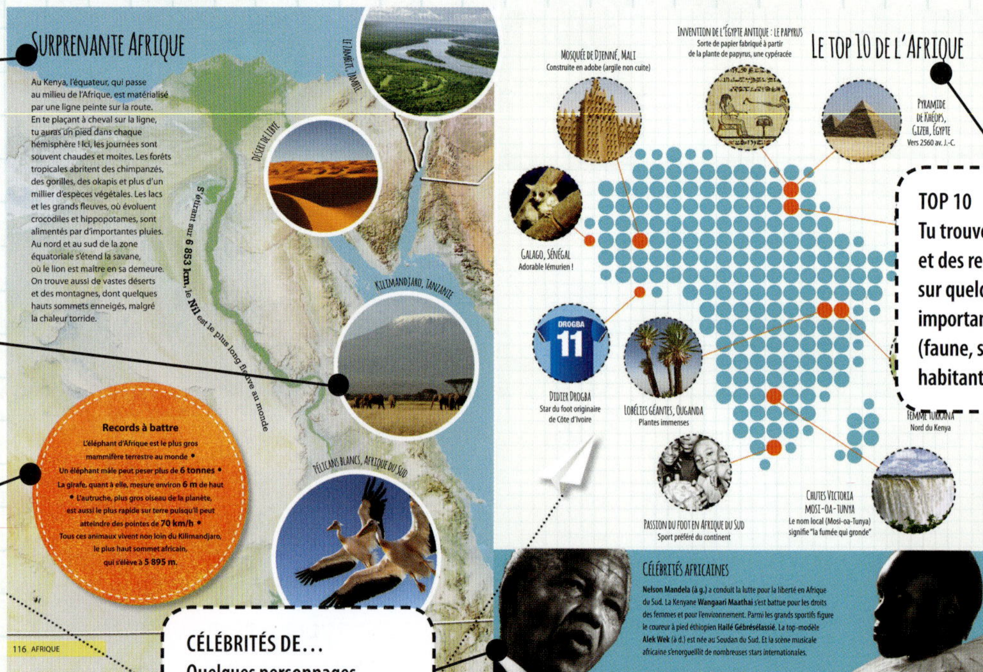

TOP 10
Tu trouveras des images et des renseignements sur quelques curiosités importantes du continent (faune, sites, vie des habitants).

PHOTOS
Cet atlas comporte de nombreuses photos qui te montrent à quoi ressemble la vie sur le continent en question. Tu pourras voir des photos d'animaux, de paysages ou même d'habitants.

RECORDS À BATTRE
Cet encadré te donne des chiffres marquants sur le continent : plus haut sommet, plus grande ville ou encore records de température.

CÉLÉBRITÉS DE…
Quelques personnages qui ont marqué l'histoire du continent.

PAR RÉGIONS
La présentation par continent est suivie d'une présentation par régions, où tu liras des informations plus détaillées sur les différents pays ou sous-régions du continent. En général, elles sont données sur quatre pages, comme pour les continents, des plus générales dans les deux premières aux plus spécifiques dans les deux dernières.

CARTE
La carte représente la région concernée, en précisant les États ou pays englobés.

PHOTOS ET LÉGENDES
Les photos et leurs légendes te renseignent sur la vie, la culture, l'histoire, les ressources, les sites ou les chiffres de la région.

PAYS/RÉGIONS
Cette entrée t'indique quelle partie du continent (pays et/ou régions) est présentée et, le cas échéant, les États ou pays qu'elle englobe.

ABRÉVIATIONS
Pour gagner de la place, certains mots ont été abrégés. Ils sont indiqués ci-dessous :

°C = degré Celsius
mm = millimètre
cm = centimètre
m = mètre
km = kilomètre
km² = kilomètre carré
km/h = kilomètre par heure
g = gramme
kg = kilogramme
rép. = république
à d. = à droite
à g. = à gauche

INDEX
À la fin de ce livre, tu trouveras un index alphabétique où tu pourras chercher les noms des endroits présentés dans l'atlas. Les nombres en gras dans l'index correspondent aux numéros de page.

Tu remarqueras aussi une lettre et un chiffre correspondant aux coordonnées de quadrillage de la carte au début de l'index.

EXEMPLE :
Cambodge **86-89, 106-109,** L6
Cameroun **114-117, 126-129,** H7
Canada **26-33,** C4

La planète Terre

La Terre est l'une des huit planètes qui gravitent autour du Soleil. Elle semble être la seule où règne la vie, mais les scientifiques n'en sont pas sûrs...

Le Soleil est l'une des nombreuses étoiles de notre galaxie – la seule visible en plein jour, en raison de sa proximité et de sa taille. Au centre du Soleil, la température atteint 15 000 000°C. Cette étoile dont le diamètre dépasse un million de kilomètres pourrait contenir un million de planètes Terre !

Comparée à d'autres planètes, la surface de la Terre est très jeune. Elle s'est beaucoup modifiée depuis sa création, notamment à cause de la tectonique des plaques et de l'érosion due à l'eau. L'eau représente plus des deux tiers de la surface de la Terre, qui est la seule planète où elle est présente à l'état liquide – un aspect essentiel à la vie humaine.

Les océans contribuent à la stabilité de la température sur Terre – autre facteur essentiel à la vie. La surface de la Terre est réchauffée par le Soleil et renvoie la chaleur vers l'espace. Les gaz à effet de serre retiennent une partie de cette chaleur.

La lumière de la Lune provient en réalité du Soleil, dont la lumière est réfléchie par la surface de la Lune. Alors que **la Lune tourne autour de la Terre** en **29 jours** environ, nous voyons cette lumière réfléchie depuis des angles variables. Voilà pourquoi nous avons l'impression que la forme de la Lune change, au gré des phases qui se succèdent.

Un monde mystérieux

Jusqu'au XXe siècle, nous ne disposions pas de carte représentant la Terre dans son intégralité. Puis, nous avons pu la prendre en **photo depuis l'espace** et obtenir ainsi les informations manquantes sur notre planète. Les photos prises de l'espace aident à prévoir la météo et sont très utiles pour savoir où se produisent ouragans et tempêtes. Vue de là-haut, la Terre est splendide. En raison de la grande quantité d'eau à sa surface, elle est surnommée la "Planète Bleue".

Neptune
Neptune est la planète la plus éloignée du Soleil, la quatrième par la taille. C'est une planète froide, gazeuse, dotée d'un noyau rocheux. La composition de ses anneaux sombres demeure inconnue. Ses vents sont les plus rapides du système solaire, atteignant 2 000 km/heure.

Uranus
Elle aussi invisible à l'œil nu depuis la Terre, Uranus est une planète gazeuse au noyau composé de métaux. Elle doit sa couleur bleue à la couche de méthane qui l'entoure et absorbe la lumière rouge. Ses anneaux gris sont faits de particules mesurant jusqu'à 10 m de diamètre.

Le Système solaire

	Mercure	Vénus	Terre	Mars	Jupiter	Saturne	Uranus	Neptune
Température maximale à la surface	430 °C	480 °C	58 °C	-5 °C	-148 °C	-178 °C	-216 °C	-214 °C
Température minimale à la surface	-180 °C	480 °C	-90 °C	-87 °C	-148 °C	-178 °C	-216 °C	-214 °C
Diamètre	4 879 km	12 104 km	12 742 km	6 779 km	139 822 km	116 464 km	50 724 km	49 244 km
Distance du soleil	58 millions km	108 millions km	150 millions km	228 millions km	778 millions km	1,4 milliard km	2,9 milliards km	4,5 milliards km
Longueur d'une journée	59 journées terrestres	243 journées (24 heures)	1 journée terrestre	1 journée terrestre	10 heures terrestres	10,7 heures terrestres	17 heures terrestres	16 heures terrestres
Longueur d'une année (orbite autour du soleil)	88 journées terrestres	225 journées terrestres	365 journées terrestres	687 journées terrestres	4 333 journées terrestres	29 années terrestres	84 années terrestres	165 années terrestres
Vitesse d'orbite	170 503 km/h	126 074 km/h	107 18 km/h	86 677 km/h	47 002 km/h	34 701 km/h	24 477 km/h	19 566 km/h
Lunes confirmées	0	0	1	2	50	53	27	13

Le Système solaire

Saturne
Deuxième par la taille, Saturne est une planète gazeuse au noyau solide. Elle est célèbre pour ses anneaux essentiellement faits de glace, qui comportent aussi des morceaux de roche dont les plus petites particules mesurent 1 cm de diamètre.

Jupiter
La plus grande de toutes les planètes représente environ onze fois la Terre. Bien qu'elle semble solide, Jupiter est une planète gazeuse qui possède sans doute un noyau compact de la taille de la Terre. Sa ceinture d'astéroïdes est difficile à distinguer.

Mars
Cette planète froide fait actuellement l'objet de recherches avancées, notamment grâce à la présence du robot Curiosity. Elle comporte des éléments géologiques intéressants, dont le plus grand volcan du Système solaire, l'Olympus Mons, qui s'élève à 24 km d'altitude.

Terre
La Terre est la troisième planète en partant du Soleil et la cinquième par la taille. Petite et rocheuse, elle présente des paysages diversifiés : montagnes, forêts de conifères, forêts tropicales, déserts, vallées et océans.

Vénus
Première planète que l'on peut apercevoir, Vénus est une petite planète rocheuse. Elle abritait sans doute de l'eau autrefois, probablement évaporée à cause des températures très élevées. Vénus compte de nombreux volcans actifs.

Mercure
Mercure est la planète la plus proche du Soleil et la plus petite. Cette planète rocheuse présente de nombreux cratères.

Soleil

Fuseaux horaires

Selon l'endroit où tu te trouves sur la planète, l'heure n'est pas la même. Ceci s'explique par le fait que la Terre tourne sur elle-même, en plus de graviter autour du Soleil.

La Terre tourne sur elle-même selon un axe pôle nord-pôle sud. Lorsque la zone de la Terre où tu vis se trouve face au Soleil, c'est le jour. Lorsqu'elle est à son opposé, c'est la nuit. À mesure que la Terre tourne, les régions du monde exposées au Soleil changent. Pour que midi ait lieu au milieu de la journée dans chaque partie du monde, il a fallu le diviser en différents fuseaux horaires.

Si tu vis à Paris et qu'en te levant à 8h, tu téléphones à un ami à New York, il sera peut-être furieux d'être réveillé à 2h du matin chez lui ! Il ne sera 8h à New York que six heures plus tard, lorsqu'il sera 14h chez toi. Ces six heures de décalage correspondent à l'écart entre les deux fuseaux horaires. Bien sûr, ce décalage diminuera ou augmentera d'une heure selon que la France est en heure d'été ou d'hiver. Si tout ça te paraît compliqué, dis-toi que ce n'est pas tout : dans certains pays, il peut y avoir des écarts de 15 ou 30 minutes, et non d'une heure, d'un fuseau à l'autre !

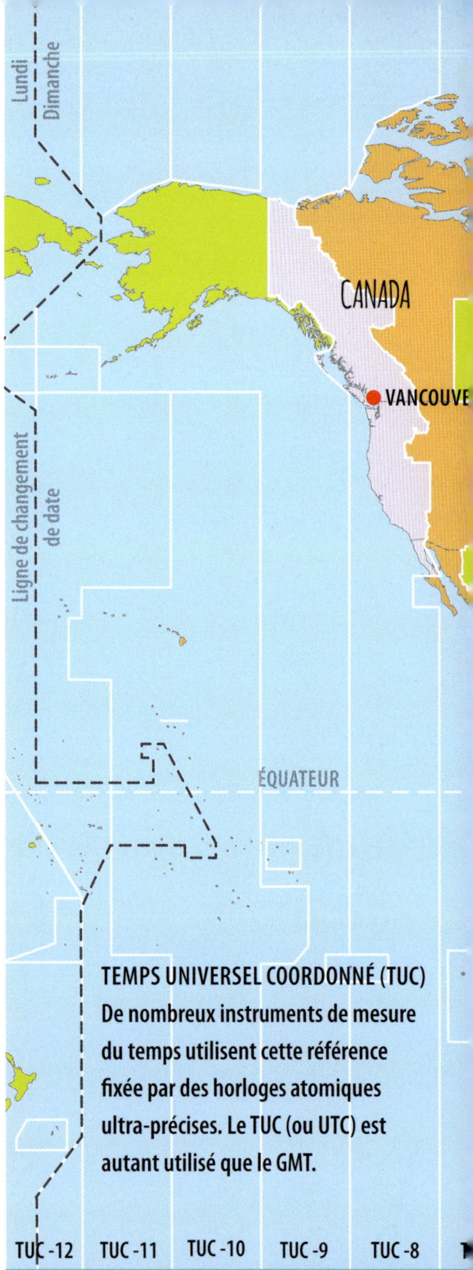

TEMPS UNIVERSEL COORDONNÉ (TUC)
De nombreux instruments de mesure du temps utilisent cette référence fixée par des horloges atomiques ultra-précises. Le TUC (ou UTC) est autant utilisé que le GMT.

Les saisons

Les saisons sont liées à la position relative de la Terre par rapport au Soleil.

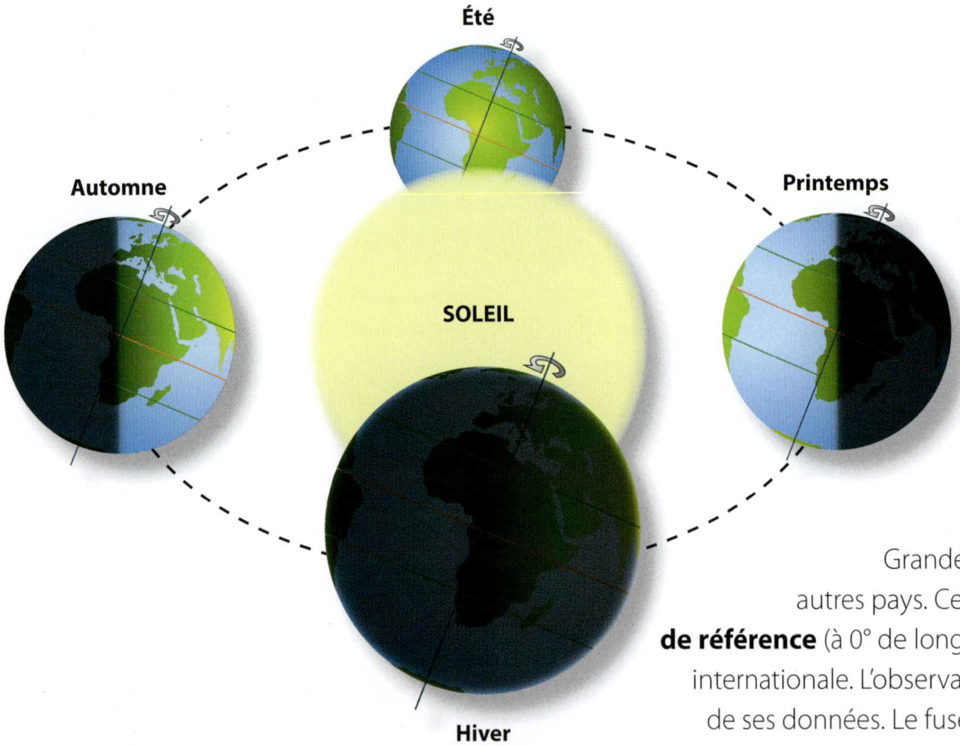

À l'observatoire de Greenwich, dans le sud-est de Londres, une ligne métallique symbolise la position du méridien du même nom.

Pourquoi Greenwich ?

Lorsque les fuseaux horaires ont été adoptés, la Grande-Bretagne possédait plus de navires que tous les autres pays. Ces bateaux utilisant Greenwich comme **méridien de référence** (à 0° de longitude), il parut sensé de l'adopter comme norme internationale. L'observatoire de Greenwich était réputé pour la précision de ses données. Le fuseau de Greenwich (GMT) est devenu l'horaire par rapport auquel tous les autres fuseaux ont été établis.

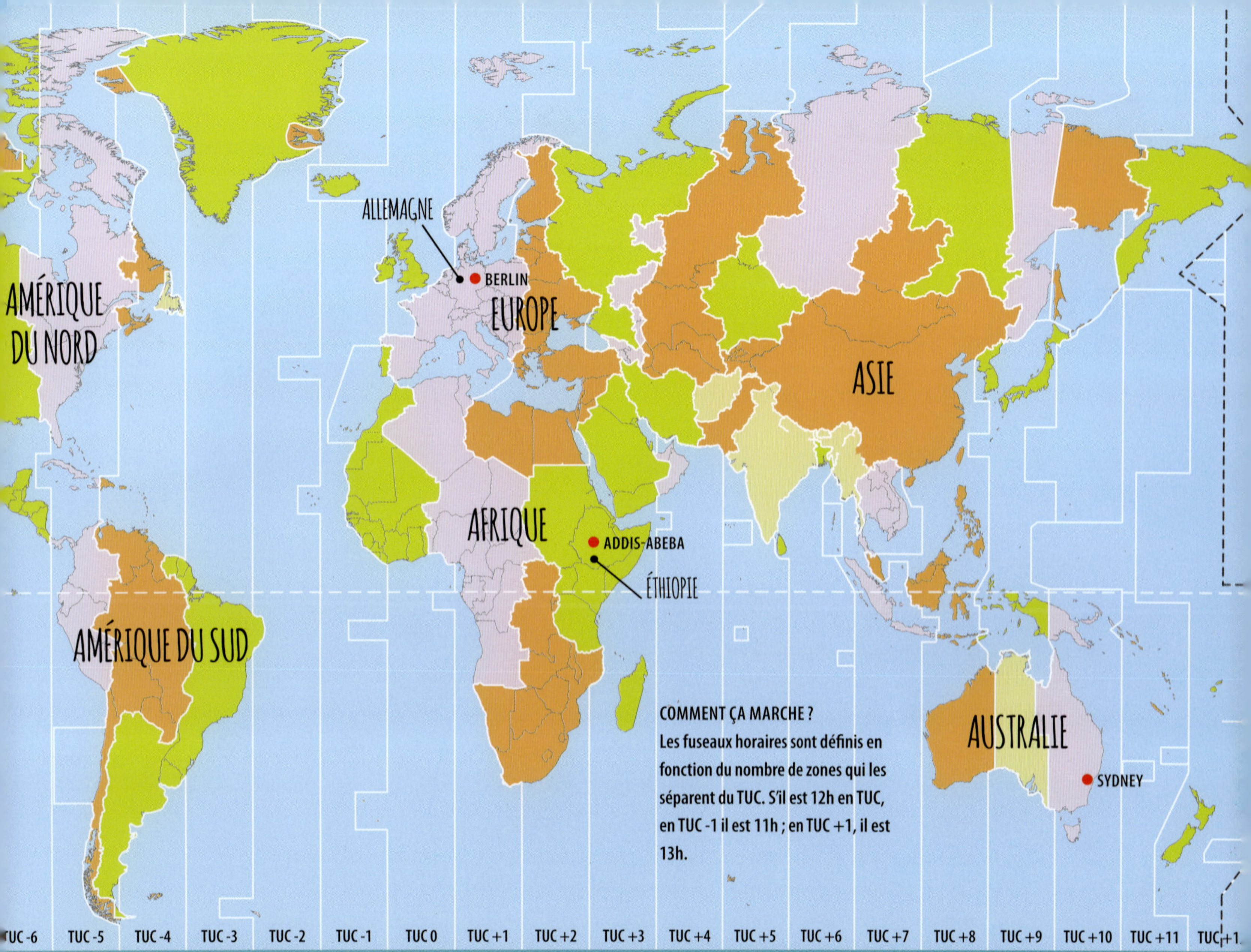

COMMENT ÇA MARCHE ?
Les fuseaux horaires sont définis en fonction du nombre de zones qui les séparent du TUC. S'il est 12h en TUC, en TUC -1 il est 11h ; en TUC +1, il est 13h.

Carte des fuseaux horaires

Chaque fuseau s'appuie sur un méridien central. Les méridiens sont situés à des intervalles de 15° à partir du méridien de Greenwich. Le fuseau couvre les zones situées à 7,5° de part et d'autre de son méridien central. Par exemple, le méridien central de New York se trouve à 75° ouest de longitude, et son fuseau horaire comprend tous les points entre 67,5° ouest et 82,5° ouest. Les fuseaux ne suivent pas tous une ligne verticale car de nombreux pays s'étendent au-delà de leur fuseau, mais veulent conserver la même heure sur l'ensemble du territoire.

Méridien de Paris

Jusqu'en **1911**, les cartes françaises prenaient Paris comme méridien de référence, à 0°. Mais l'heure légale adoptée fut finalement celle du méridien de Paris moins **9 minutes et 21 secondes**, autrement dit celle du **GMT**.

Quizz

Quelle heure est-il ?

S'il est 10h du matin à Berlin, en Allemagne, quelle heure est-il à Addis-Abeba, en Éthiopie ?

Que signifient les abréviations GMT ?

Combien y a-t-il d'heures de différence entre TUC -3 et TUC +3 ?

Si tu habitais à Vancouver, au Canada, et qu'à 9h tu téléphonais à Sydney, en Australie, quelle heure serait-il là-bas ?

Combien y a-t-il de fuseaux horaires de 15° ?

Réponses : midi, Greenwich Mean Time, 6, 3h du matin, 24

Bonne année !

Les premiers endroits de la planète à afficher minuit le **31 décembre** sont l'île Christmas (dans les Kiribati) et l'archipel des Samoa. Les Samoa étaient autrefois les dernières à fêter le **Nouvel An**, mais elles ont supprimé une journée de leur calendrier, le 30 décembre 2011, et sont désormais les premières à voir le soleil se lever.

Au cœur de la Terre

Composée de quatre couches concentriques, la Terre possède un noyau qui ressemble à une boule de fer chauffée à blanc : la température y est de 5 000 à 7 000°C.

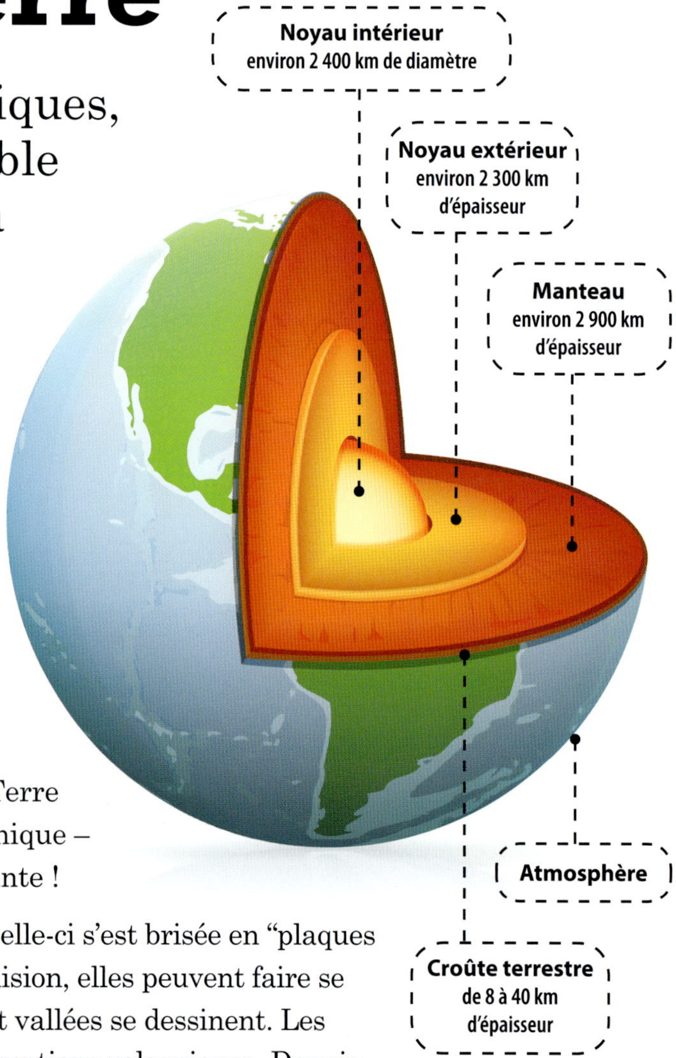

C'est 70 fois plus chaud que l'eau bouillante ! Mais la pression est si forte que ce noyau ne peut fondre et demeure solide. Contenant surtout du fer, et un peu moins chaud (4 000 à 5 000°C), le noyau extérieur est liquide. C'est lui qui assure à la Terre son champ magnétique. Outre du fer, les noyaux intérieur et extérieur contiennent sans doute du soufre et du nickel, et d'autres éléments en petites quantités. Vient ensuite le manteau, une couche rocheuse liquide qui se déplace lentement. La roche plus chaude du manteau se soulève et refroidit à proximité de la surface, avant de s'enfoncer à nouveau. La croûte terrestre est la partie de la Terre que nous connaissons, avec les roches, le sol et le plancher océanique – une couche bien mince pour contenir toute cette matière bouillante !

Les courants au sein du manteau modifient la croûte terrestre. Celle-ci s'est brisée en "plaques tectoniques" en mouvement constant. Lorsqu'elles entrent en collision, elles peuvent faire se soulever des montagnes. Si elles s'éloignent, d'immenses failles et vallées se dessinent. Les mouvements des plaques provoquent tremblements de terre et éruptions volcaniques. Depuis leur séparation initiale, les plaques sur lesquelles reposent les continents ont beaucoup bougé.

Les richesses de la Terre

La fièvre de l'or

La moindre découverte d'or entraînait autrefois un afflux de prospecteurs. Rares étaient ceux qui parvenaient à en extraire assez pour vivre, alors que beaucoup avaient tout vendu pour participer à la ruée. Les méthodes d'extraction actuelles utilisent souvent du mercure, un métal liquide toxique, pour séparer l'or de la terre et des autres minéraux. Mais le mercure pollue les rivières et les cours d'eau.

Nous le savons : la Terre n'appartient pas à l'homme, c'est l'homme qui appartient à la Terre.

Seattle, chef indien

Comment s'est formée la Terre ?

Comme les autres planètes du Système solaire, la Terre s'est sans doute formée il y a environ 4,6 milliards d'années. Les planètes sont constituées de débris provenant de la formation du Soleil qui flottaient dans un vaste nuage de poussières. Les débris ont fini par entrer en collision et s'agglomérer. Petit à petit, ces amas de matière se sont assemblés jusqu'à composer une planète. En raison du phénomène de la gravité, le Soleil a attiré la Terre et les autres planètes dans son orbite.

Précieuses ressources

Notre planète compte de nombreuses ressources, dont des métaux précieux, des diamants et des énergies fossiles (pétrole, charbon). L'air et l'eau, éléments naturels, peuvent fournir de l'électricité. Les océans sont remplis de poissons, tandis que les sols grouillent d'animaux et de plantes à la base de notre alimentation. Pour exploiter ces ressources, des modes de vie et parfois même des vies humaines sont mis en danger. Nous commençons seulement à comprendre les conséquences de nos comportements pour la Terre et à chercher des moyens de la préserver de dégâts supplémentaires.

Déversements de pétrole

D'ici **moins d'un siècle**, nos ressources en pétrole seront épuisées. Les compagnies pétrolières font tout pour en extraire le plus possible, recourant à des méthodes qui entraînent des rejets d'hydrocarbures dans les océans et sur terre. Ces désastres écologiques détruisent plantes et animaux.

MANCHOT DU CAP MAZOUTÉ

Diamants

Prisés pour leur beauté, les diamants sont utiles dans le domaine de la taille car ce sont les matériaux naturels les plus durs au monde. Hélas, ils contribuent aussi à financer des conflits. On appelle "**diamants du sang**" ceux découverts dans les **zones de guerre** et vendus pour acheter des armes ou soutenir des terroristes. De nos jours, un diamant provenant d'une source irréprochable est assorti d'un **certificat**.

Climat et météorologie

Tu l'as remarqué, le temps change vite. Mets-toi dans la peau d'un météorologue pour découvrir les différentes zones climatiques de la planète.

Lorsque nous parlons météo, nous désignons en général de brèves périodes de temps. Le climat est une vision à plus long terme, qui étudie les grandes tendances d'une zone donnée, la quantité de pluie et d'autres éléments nous révélant les caractéristiques de telle ou telle région. Le climat des forêts tropicales est, par exemple, chaud et humide. Les déserts sont, par nature, chauds et secs mais peuvent aussi se refroidir beaucoup la nuit. Plantes et animaux doivent être capables de s'adapter au climat dans lequel ils vivent.

Les climats varient à travers le monde pour de nombreuses raisons. L'équateur, le cercle qui partage la Terre en deux hémisphères, se trouve à l'aplomb du Soleil, les rayons l'atteignent en ligne droite d'où un climat très chaud. Plus on s'en éloigne, plus le Soleil est bas une longue période de l'année, ce qui abaisse les températures. Les montagnes sont en général plus fraîches que les terres avoisinantes. L'océan protège les zones alentour des températures extrêmes, car l'eau restitue la chaleur plus lentement que la terre. Le climat peut aussi évoluer au fil du temps. Lorsque nous détruisons une forêt tropicale, le climat se réchauffe et demeure plus chaud jusqu'à ce que des arbres aient repoussé. On parle de changement climatique de long terme. Des phénomènes naturels peuvent aussi modifier le climat. Survenant tous les deux à sept ans, le phénomène climatique El Niño se traduit par une hausse de température des eaux d'une zone du Pacifique. Il peut provoquer des sécheresses, des inondations et de mauvaises récoltes dans les pays avoisinants. Par chance, il s'agit d'une modification climatique relativement brève.

Les cinq principaux climats

On distingue **cinq** grands types de climats sur la planète, comme l'indique la carte ci-contre. Aux extrêmes nord et sud du globe, les **climats polaires**, dans les régions proches des pôles, sont les plus froids. Au niveau de l'équateur se situent les zones **tropicales, chaudes et humides**. Les autres zones climatiques sont moins extrêmes.

Masses atmosphériques

En raison des différences de température sur la planète, l'air est en mouvement constant. Selon la région où l'on se trouve, l'air chaud s'élève au-dessus de l'air froid, qui tournoie, ou bien l'air froid s'installe et chasse l'air chaud. D'immenses **masses d'air**, transportant l'air humide, sec, froid ou chaud, sont déplacées par le vent. Lorsque deux masses se rencontrent, elles forment un **front d'air** : le temps se modifie.

Climat polaire

Aux pôles ou à proximité, il fait tout le temps froid. La neige et la glace recouvrent les sols et aucune culture n'est possible. Rien de surprenant à ce que les habitants soient rares !

Climat continental

Au sud du pôle Nord, les températures demeurent relativement basses, mais des forêts de pins et de conifères forment une bonne partie du paysage. Les habitants sont plus nombreux, mais doivent endurer un climat rude. Les étés sont relativement chauds.

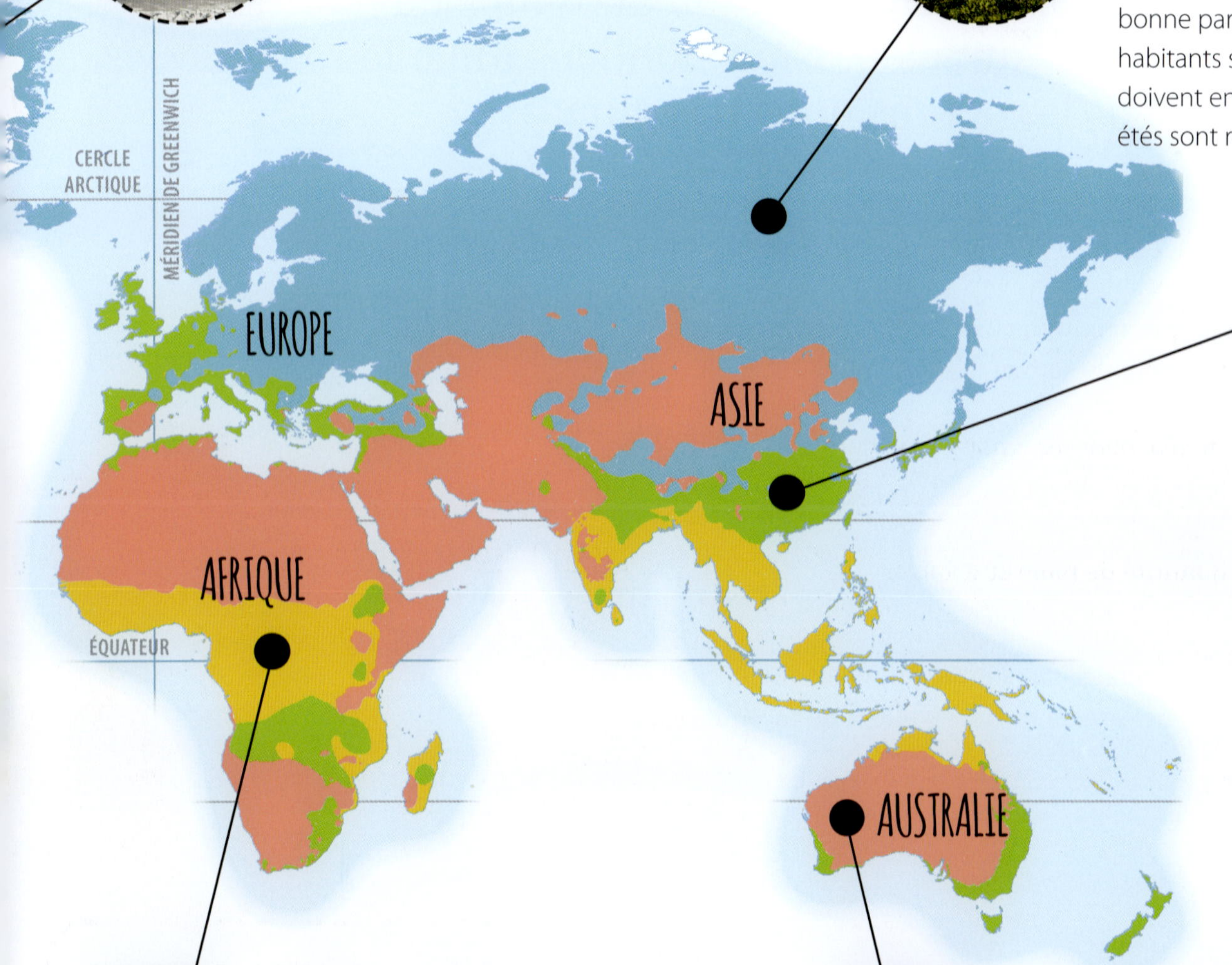

Climat tempéré

Les zones tempérées (ou océaniques) se caractérisent par des étés chauds et des hivers frais. La pluie peut survenir toute l'année et l'été est parfois sec, mais les températures n'ont rien d'extrême. Les régions tempérées sont souvent très peuplées.

Climat tropical

Les régions tropicales voient le thermomètre grimper durant la journée pour ne redescendre que légèrement la nuit. Les pluies sont fréquentes l'après-midi. On y trouve des forêts pluviales et des savanes.

Climat désertique

De jour, le désert affiche une chaleur étouffante mais, la nuit venue, le froid peut être glacial. La plupart des animaux ne sortent qu'au crépuscule. Les habitants du désert y vivent souvent depuis des générations. Ils ont développé des modes de vie qui leur permettent de supporter ces conditions extrêmes.

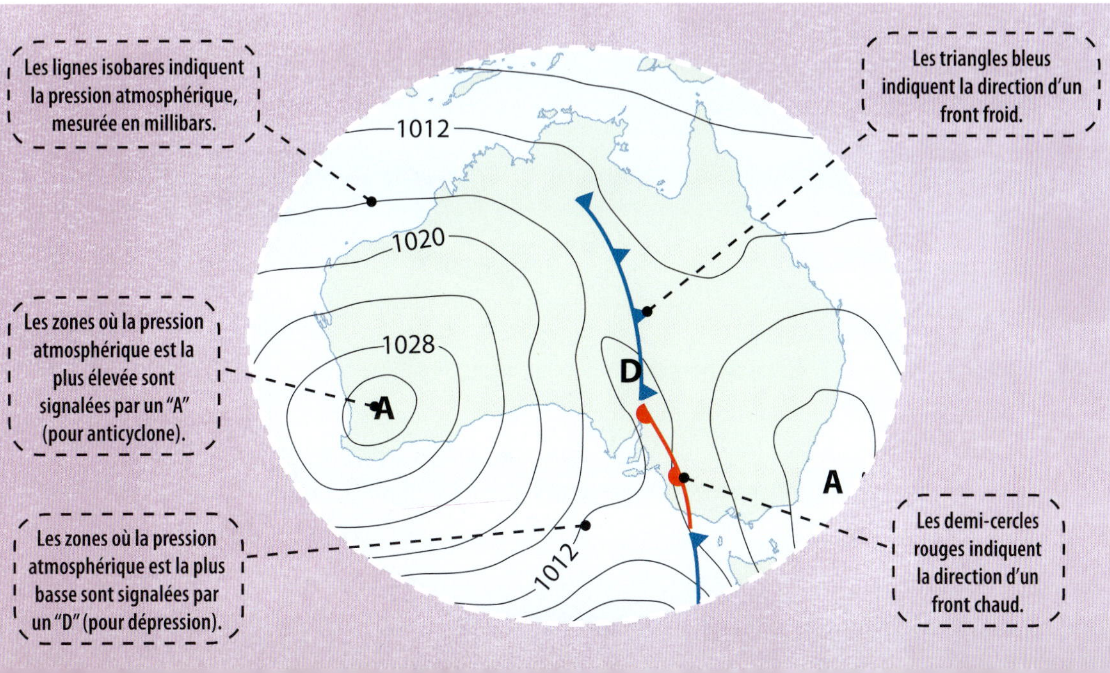

Tsunami

Les volcans et les tremblements de terre provoquent parfois une immense vague appelée tsunami, qui prend de l'ampleur à mesure qu'elle s'approche des côtes. Survenant souvent sans prévenir, elle peut emporter arbres et maisons à des kilomètres.

Mers et océans

Lorsque nous cherchons une explication au temps qu'il fait, nous pensons souvent au Soleil. Nous oublions ainsi le rôle essentiel que jouent les océans dans nos climats.

L'eau des océans emmagasine la chaleur du Soleil. La couche supérieure de l'océan contient, sur trois mètres, la même quantité de chaleur que toute l'atmosphère. Les océans jouent un grand rôle dans la météo, en faisant circuler l'eau et l'air dans des directions précises. La côte ouest des États-Unis, par exemple, affiche généralement un climat doux, car les vents y sont réchauffés par l'océan Pacifique. Les mers sont aussi la principale source d'eau de pluie.

Le cycle de la pluie correspond au déplacement perpétuel de l'eau sur notre planète. Presque toute l'eau de la Terre se trouve dans les mers et les océans. Réchauffée par le Soleil, une partie de l'eau des océans, rivières ou lacs va se transformer en vapeur. Les plantes dégagent aussi de la vapeur sous l'effet de la chaleur. Cette vapeur s'élève dans l'air jusqu'à ce que la température refroidisse. Se forment alors des nuages de gouttelettes. Lorsque ces gouttelettes sont trop nombreuses pour être contenues par l'air, la pluie (la neige ou la grêle) survient. L'eau de pluie retombe dans les rivières, les lacs et les océans. Elle dévale les reliefs ou s'enfonce dans le sol pour se transformer en eau souterraine. Mais elle finira par rejoindre l'océan et le processus se renouvellera de façon immuable.

Eau douce

Lacs et rivières contiennent de l'eau douce. Bien que celle-ci ne représente qu'une infime partie de l'eau disponible sur terre, elle joue un grand rôle dans le **cycle de l'eau**, en fournissant une grande part de l'eau potable et de l'eau d'irrigation dans le monde.

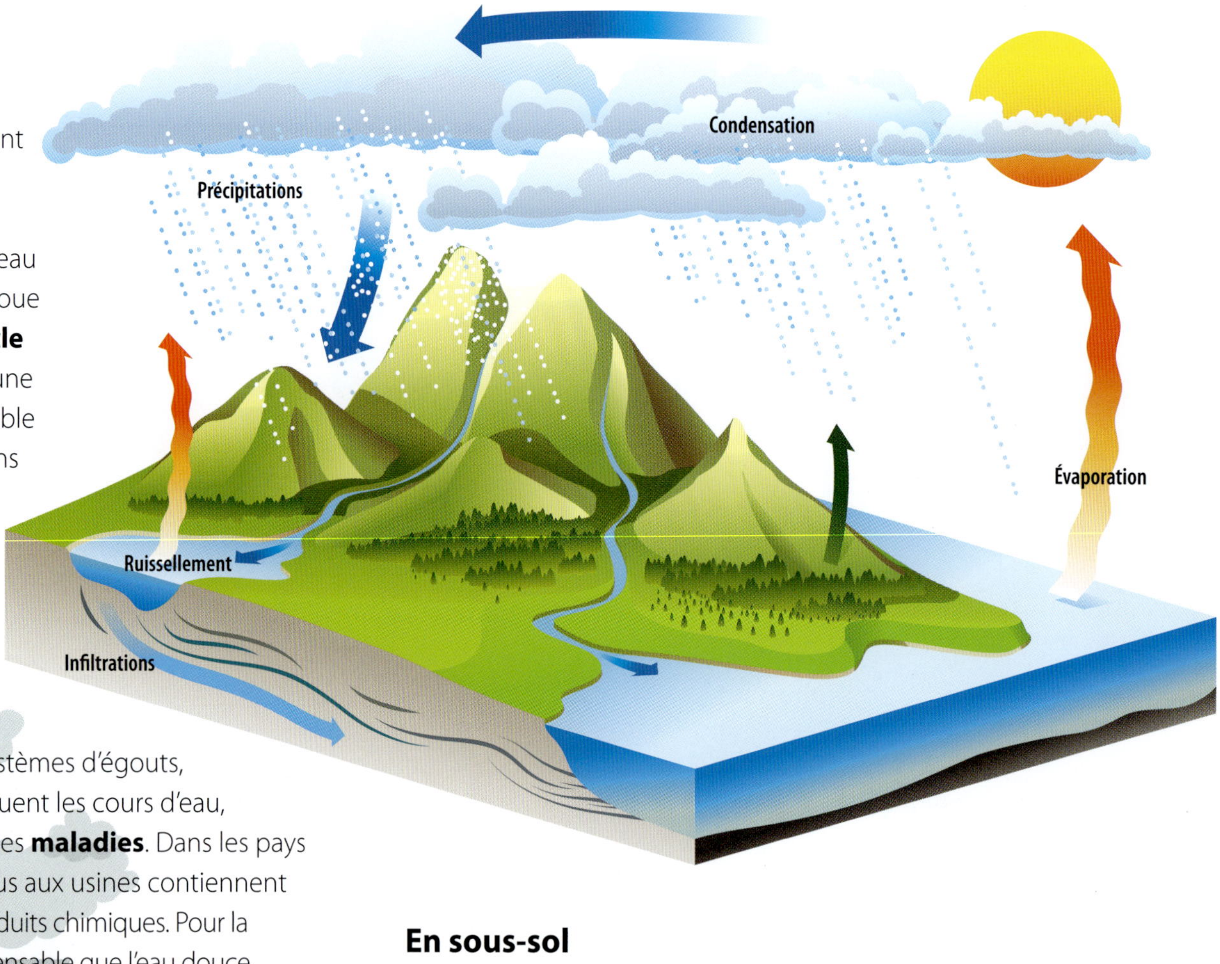

Pollution

Là où il n'existe pas de systèmes d'égouts, les déchets humains polluent les cours d'eau, ce qui peut déclencher des **maladies**. Dans les pays industrialisés, les rejets dus aux usines contiennent parfois de dangereux produits chimiques. Pour la santé de tous, il est indispensable que l'eau douce de la planète garde ses propriétés. De nombreux pays ont adopté des mesures pour empêcher la **pollution de l'eau**.

En sous-sol

L'eau douce circule aussi sous terre, où elle est filtrée par les sols et les pierres. Les **puits** permettent d'accéder aux **eaux souterraines**, souvent relativement propres. Les eaux souterraines sont alimentées par la pluie et la neige ; elles finissent par regagner la surface sous la forme de **sources**.

Océan Pacifique
Couvrant environ un tiers de la surface terrestre, le Pacifique est le plus vaste des océans. C'est à Magellan, grand navigateur portugais, que l'on doit son nom ("Mar Pacifico" signifie "mer paisible").

Océan Atlantique
Deuxième océan de la planète, l'Atlantique abrite sous ses eaux la plus longue chaîne montagneuse au monde – la dorsale médio-atlantique, qui s'étend sur plus de 56 000 km.

Océan Arctique
Entourant le pôle Nord, l'Arctique est le plus petit et le moins profond des océans. Il demeure gelé une grande partie de l'année à cause du climat glacial, de sa faible salinité et des faibles courants verticaux. Lorsque la glace fond, on parle de débâcle.

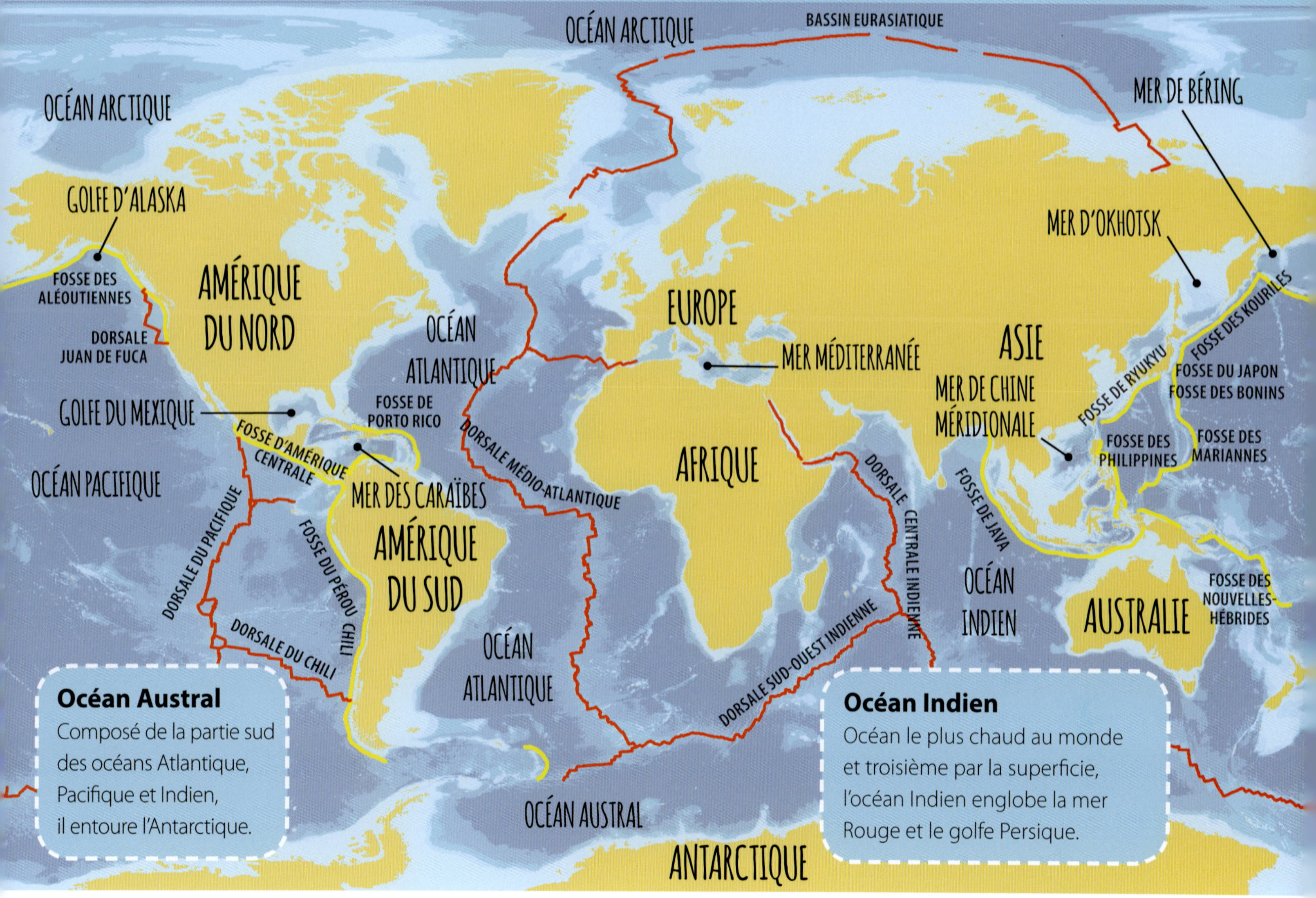

Océan Austral
Composé de la partie sud des océans Atlantique, Pacifique et Indien, il entoure l'Antarctique.

Océan Indien
Océan le plus chaud au monde et troisième par la superficie, l'océan Indien englobe la mer Rouge et le golfe Persique.

Pourquoi la mer est-elle salée ?
Il y a des millions d'années, les rivières et cours d'eau, qui transportent de l'eau douce, ont récupéré les **minéraux** des roches et des sols qu'ils traversaient et qui étaient alors abondants. Les rivières ont transporté ces minéraux jusqu'aux océans. La **salinité** des mers et des océans provient de ces minéraux qu'ils ont stockés.

Durant presque toute l'histoire, l'homme a dû se battre contre la nature pour survivre ; au cours de ce siècle, il s'est enfin aperçu que, pour survivre, il devait la protéger.

Commandant Jacques-Yves Cousteau

Point le plus profond des océans, Challenger Deep se situe dans la fosse des Mariannes (dans l'océan Pacifique), à **10 924 m** sous le niveau de la mer.

Population mondiale

Au XIVe siècle, la Terre comptait moins de 400 millions d'habitants.

Nous sommes aujourd'hui plus de 7 milliards. Si cette croissance est réjouissante, il ne faut pas oublier que la pression s'exerçant sur l'environnement, les ressources alimentaires et autres (notamment l'énergie) est d'autant plus forte. En outre, de nombreuses personnes vivent dans des conditions de grande pauvreté.

Comme le montre la carte ci-contre, la répartition de la population varie selon les régions. Toute la surface terrestre n'est pas habitable, et les zones proches des milieux extrêmes n'ont souvent qu'une population très faible. À l'opposé, certaines villes-États ont des densités très élevées. Surtout, la moyenne par pays masque de grandes différences entre les zones rurales et les zones urbanisées, où la densité atteint parfois des sommets.

Les ressources ne sont pas réparties de manière équitable. D'après les spécialistes, nous produisons assez de nourriture pour nourrir la planète, mais elle ne se trouve pas toujours là où il faut. Plus de 10% de la population mondiale ne mange pas à sa faim et une grande partie n'a pas accès à l'eau potable. Les organisations caritatives s'efforcent de venir en aide aux plus démunis, mais la tâche est immense.

Qu'est-ce qu'une ville sinon ses habitants ?

William Shakespeare

Nombres d'habitants par continent

Asie	4,3 milliards
Afrique	1,033 milliard
Europe	733 millions
Amérique du Nord	529 millions
Amérique du Sud	386 millions
Océanie	36 millions
Antarctique	1 000 à 5 000

La ville, c'est génial !

La plupart des villes importantes sont implantées à proximité d'un cours d'eau. Les premiers habitants ont vite compris que, grâce aux rivières, ils pouvaient assurer leurs besoins en eau et évacuer leurs déchets. Surtout, bien avant les routes terrestres, les voies fluviales étaient le meilleur moyen de se déplacer, que ce soit pour transporter des charges ou pour partir en exploration et commercer. De nombreuses grandes villes se sont développées à l'endroit même où s'étaient installés ces premiers occupants.

La ville, c'est horrible !

Aujourd'hui, les villes sont toujours plus peuplées et polluées. Les prix y sont souvent élevés. Pourtant, les nouveaux arrivants ne cessent d'affluer, en quête d'un emploi et d'une vie meilleure. Une fois sur place, beaucoup jugent les conditions difficiles et certains se retrouvent sans travail voire sans domicile. Même pour les autres, la vie urbaine n'est pas toujours facile. De nombreux couples déménagent lorsqu'ils ont des enfants, préférant opter pour un cadre moins oppressant.

Densité de population

HABITANTS PAR KILOMÈTRE CARRÉ (KM^2)

0-9 | 10-24 | 25-49 | 50-74 | 75-99 | 100-149 | 150-299 | 300-999 | 1000->

1 KM^2 = UN CARRÉ DE 1 KM DE CÔTÉ

Villes classées par nombre d'habitants

1. **Tokyo, Japon,** 35,1 millions
2. **Chongqing, Chine,** 28,8 millions
3. **Jakarta, Indonésie,** 28 millions
4. **Séoul, Corée du Sud,** 25,2 millions
5. **Delhi, Inde,** 22,2 millions
6. **Manille, Philippines,** 21,9 millions
7. **Mexico, Mexique,** 21,2 millions
8. **Shanghai, Chine,** 20,8 millions
9. **São Paulo, Brésil,** 19,8 millions
10. **Le Caire, Égypte,** 18,4 millions millions

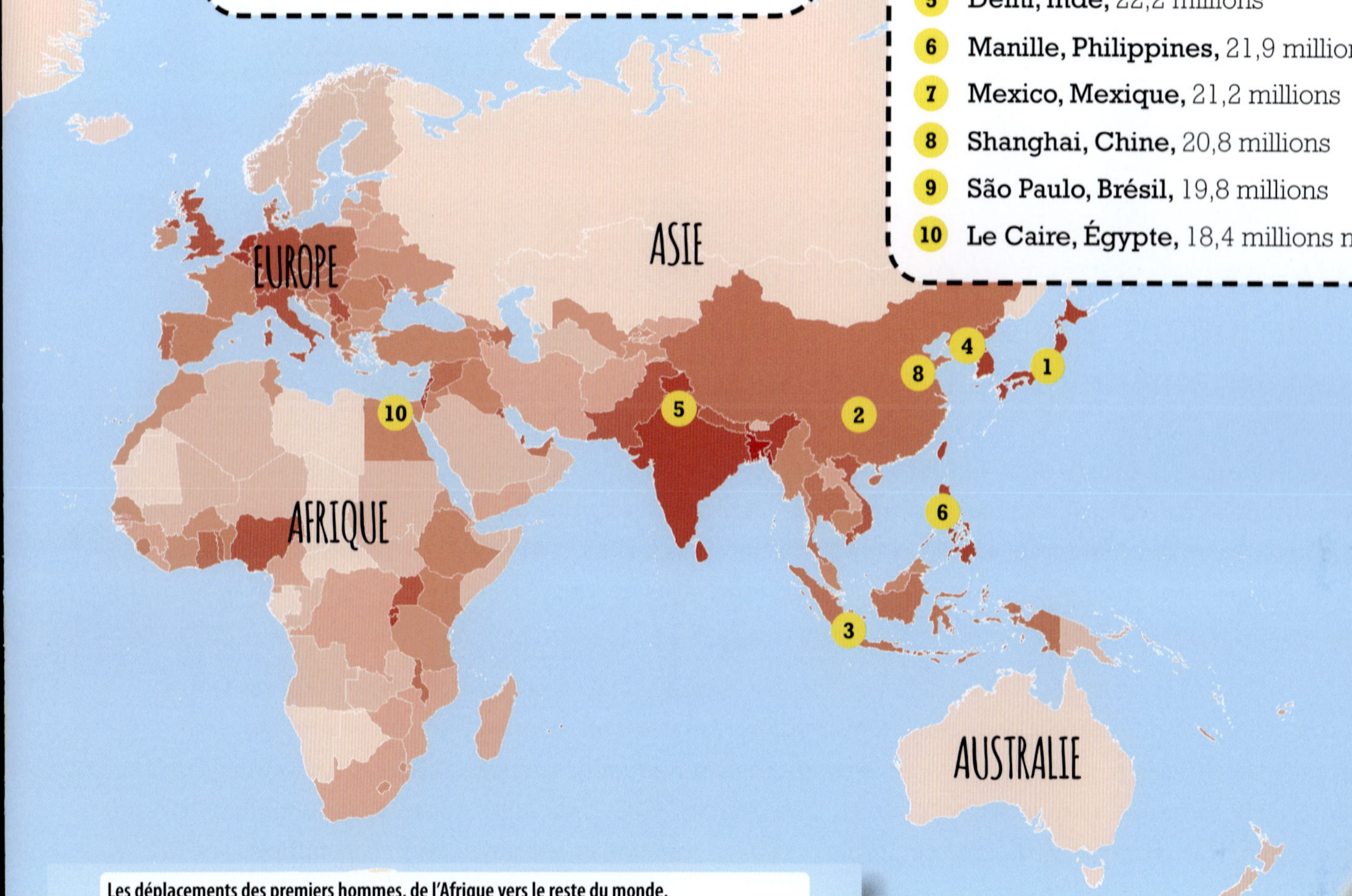

Les déplacements des premiers hommes, de l'Afrique vers le reste du monde.

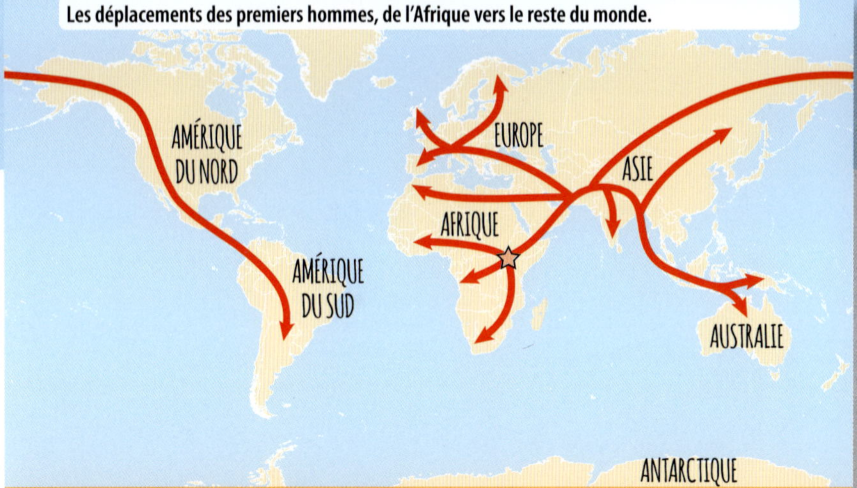

D'où venons-nous ?

Les premiers hominidés, le groupe de primates auquel appartient l'homme, sont apparus en Afrique il y a environ cinq millions d'années. Peu à peu, nos ancêtres préhistoriques se sont redressés pour marcher et leur cerveau s'est développé. Se déplaçant en groupes, ils vivaient de la chasse et de la cueillette. Certains se sont aventurés en dehors de l'Afrique et la vie humaine s'est répandue à travers le monde.

Pourquoi habiter en zone dangereuse ?

Curieusement, de nombreuses personnes vivent à proximité des **volcans** et des **zones sismiques**, ou dans les régions sujettes aux **inondations** et aux **feux de forêt**. Près des bords des plaques tectoniques où se produisent la plupart des tremblements de terre et éruptions volcaniques, les sols sont souvent fertiles et riches en minéraux (or, argent). Bien souvent, des villes s'y étaient développées avant la découverte des **plaques tectoniques** et du danger qu'elles représentent. Les paysages hors du commun de ces zones représentent aussi une manne touristique.

Le monde en 2D

“C’est la contemplation silencieuse des atlas, à plat ventre sur le tapis, entre dix et treize ans, qui donne ainsi l’envie de tout planter là. Songez à des régions comme le Banat, la Caspienne, le Cachemire, aux musiques qui y résonnent, aux regards qu’on y croise, aux idées qui vous y attendent...”

Nicolas Bouvier

Les cartes représentent l’espace qui nous entoure. Elles nous aident à nous orienter dans des régions qui nous étaient jusque-là inconnues.

Par rapport à celles que nous utilisons aujourd’hui, les premières cartes étaient plutôt imprécises. Faute d’une connaissance détaillée de notre planète, les cartographes procédaient souvent par déduction. Grâce à de nouveaux instruments, ils ont peu à peu amélioré la qualité des cartes. L’invention de la boussole magnétique a apporté davantage de précision et l’imprimerie a permis de reproduire les cartes en nombreux exemplaires, ce qui a diminué leurs coûts.

Pour qu’une carte soit utile, elle doit être facile à lire. Les cartographes ont recours à des symboles, des traits et des couleurs, explicités en légende, pour représenter différentes caractéristiques. Certains éléments de cartographie sont utilisés par presque tous les cartographes, notamment les lignes de longitude et de latitude, qui permettent de repérer aisément tel ou tel endroit. D’autre part, il est difficile de représenter une planète ronde sur une carte plane. Plusieurs procédés existent, ce qui explique que toutes les cartes n’ont pas la même forme.

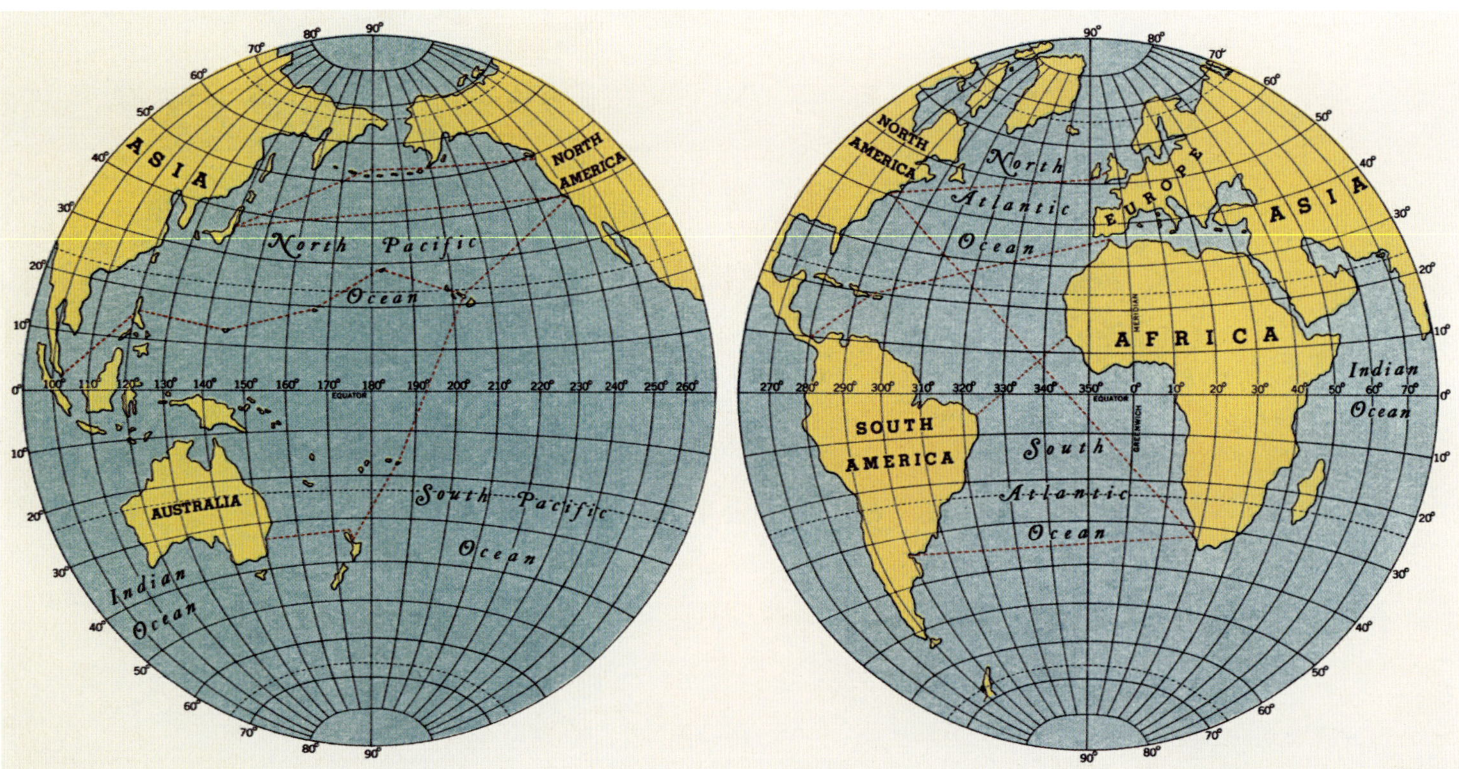

La projection de Mercator

En 1659, le géographe flamand Gérard Mercator a représenté le monde comme un cylindre aplati. Cette "projection" du monde en deux dimensions est devenue la référence, en particulier pour les navigateurs car les méridiens étaient espacés régulièrement. Les navires eurent dès lors moins de mal à établir leurs itinéraires. Mais, dans la projection de Mercator, l'échelle est variable : elle augmente à proximité des pôles, altérant fortement la forme de certaines régions. Par exemple, le Groenland paraît plus grand que l'Afrique, qui est en réalité 14 fois plus vaste ! Mercator est aussi le premier à avoir donné le nom d'atlas à un livre de cartographie.

La projection de Robinson

En 1963, le cartographe américain Arthur H. Robinson a représenté le monde sous une forme ovale. Il y avait moins de déformation aux niveaux des pôles, mais il en restait malgré tout. Cette projection demeure très utilisée dans les cartes et les atlas actuels. Cela dit, aucun objet sphérique ne peut être représenté en deux dimensions avec une précision parfaite. Si tu recherches des représentations de la Terre, tu en trouveras sans doute de très curieuses !

Cartes des océans

Un navigateur doit savoir où se trouve telle île et comment s'y rendre par la mer. Pas facile lorsque l'horizon reste vide ! Les marins utilisent donc des cartes spéciales : les cartes nautiques. En fonction de l'échelle, on y indique les côtes, les courants, les marées, les profondeurs des eaux et les dangers (rochers, épaves).

Cartes à la carte

“Moi qui aime par-dessus tout la contemplation des atlas, je me disais que les stratèges exercent un beau métier. Ils vivent, penchés sur les cartes, à piqueter des épingles et dessiner des flèches…”

Sylvain Tesson

Les cartes actuelles s’appuient sur les données des satellites et sont donc très précises. Gravitant autour de la Terre à basse altitude, les satellites enregistrent de nombreux détails.

Des cartographes sont cependant toujours nécessaires pour trier ces données et les transformer en cartes lisibles et utiles au quotidien. Ils ont recours à des logiciels de représentation cartographique qui permettent d’établir des cartes spécifiques.

Tu peux voir ici des exemples de cartes servant en différentes circonstances. Par exemple, sur un trajet de courte distance, on préfère une carte à grande échelle représentant de façon très détaillée un petit secteur. Pour un itinéraire plus long, mieux vaut une carte moins détaillée correspondant à une zone plus vaste. Les cartes de cet atlas sont toutes à petite échelle.

Satellites

Des centaines de satellites tournent autour de la Terre. La plupart ont cessé de fonctionner et ne sont plus que des rebuts dans l’espace. Mais un grand nombre fournissent les données servant à établir nos cartes.

Cartes topologiques

Une carte topologique est en général réalisée sans échelle ni détails. Elle privilégie la simplicité d’utilisation. Les plans de métro sont souvent des cartes topologiques, qui indiquent les lignes et les stations de façon claire mais ne tiennent pas compte des véritables distances ni des emplacements exacts. Les passagers du métro recherchant avant tout à aller d’un point à un autre, une carte de ce type leur suffit.

Caractéristiques topographiques

Une carte topographique s'intéresse aux reliefs, c'est-à-dire à la présence de collines, de vallées, de montagnes. Ceux-ci sont représentés de diverses manières, les plus courantes étant les courbes de niveau et les couleurs, qui indiquent si un point donné est plus haut ou plus bas que les terres environnantes.

Street View

Des cartes en ligne offrent une vision très complète d'un emplacement précis. Si tu recherches une rue avec l'option Street View sur Google Maps, tu la verras presque comme si tu étais. Tu peux faire des zooms avant et arrière, voir les bâtiments et les autres éléments au niveau de la rue.

Ces cartes sont réalisées grâce à des véhicules équipés de neuf caméras, qui prennent des images à 360 degrés. Les ruelles et passages étroits sont photographiés depuis des vélos ou des motoneiges si besoin.

Itinéraires de vol

Cette carte indique les itinéraires de vol des principales compagnies aériennes. Elle permet de connaître les types de déplacements les plus fréquents sur la planète.

Approche physique

"Il n'est de parallèle, de latitude qui ne soit persuadé qu'il eût été l'équateur s'il n'en était que de lui."

Mark Twain

Les cartes physiques indiquent les caractéristiques de la surface de la planète : elles montrent les reliefs importants (montagnes, vallées), les cours d'eau, les mers. Certaines ajoutent des éléments comme les villes, les routes et les voies ferrées.

Les éléments inclus sur une carte physique dépendent de sa taille et de son usage. Étant donné leur dimension, les cartes de cet atlas n'indiquent que les villes principales. Si elles étaient destinées à des études plus précises ou à la localisation de sites, elles seraient plus détaillées et sans doute plus grandes.

Tu as à droite un extrait d'une carte physique de la Suisse. On y distingue les principaux fleuves, lacs, montagnes et villes de la région concernée, ainsi que les variations du terrain. On remarque aussi les frontières du pays, lesquelles ne sont pas toujours indiquées. Elles permettent toutefois de savoir dans quel pays est situé un site.

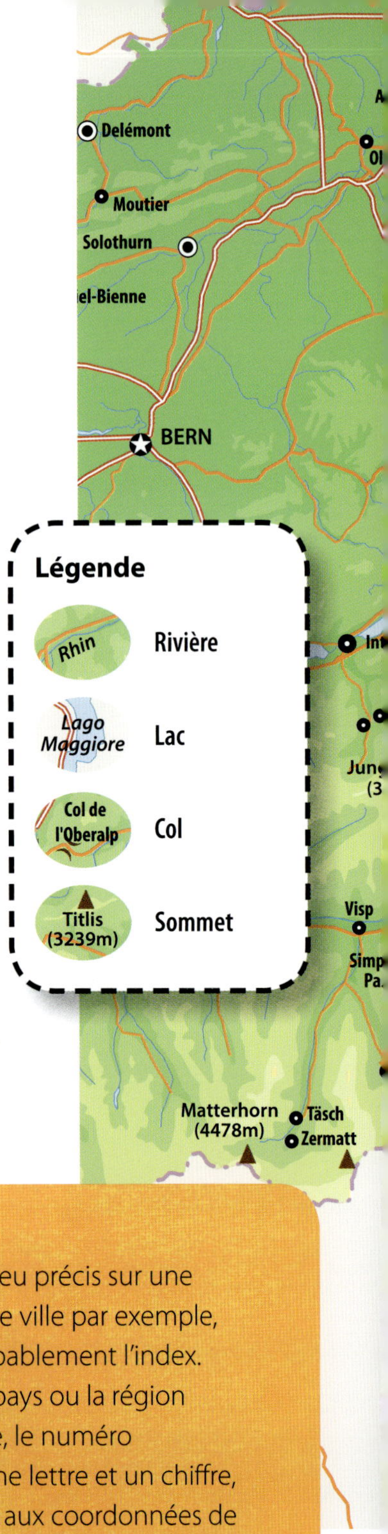

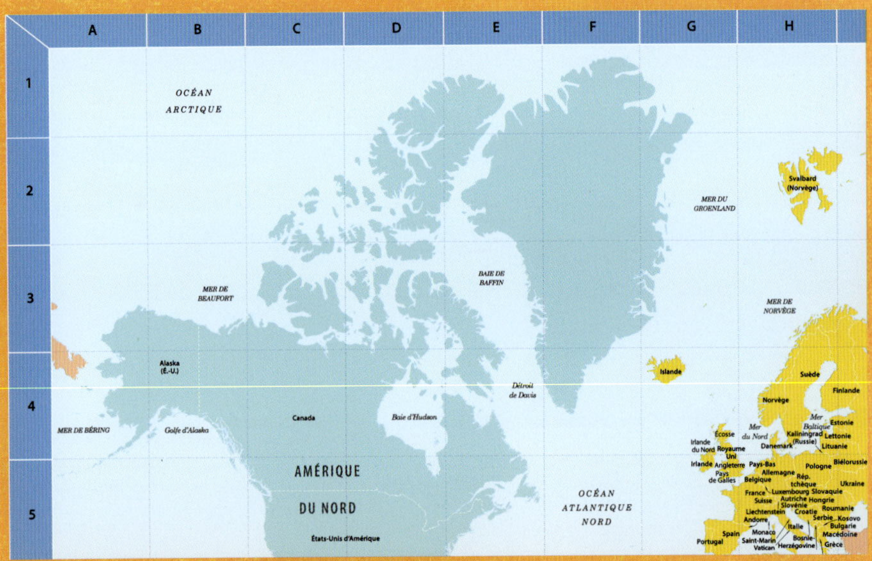

Carroyage

Si tu cherches un lieu précis sur une carte d'un atlas, une ville par exemple, tu consulteras probablement l'index. Là, tu trouveras le pays ou la région où se trouve la ville, le numéro de page ainsi qu'une lettre et un chiffre, qui correspondent aux coordonnées de quadrillage. Les références du quadrillage sont données de chaque côté de la carte (en général, les lettres sont à l'horizontale, en abscisse, et les chiffres à la verticale, en ordonnée). Ces coordonnées permettent de repérer la ville recherchée.

Latitude et longitude

Sur certaines cartes, et plus encore sur un globe terrestre, les coordonnées sont indispensables pour repérer ce que tu cherches. Ce sont des chiffres qui t'indiquent la latitude (distance par rapport à l'équateur) et la longitude (distance par rapport au méridien de Greenwich). Par exemple, la latitude et la longitude de Port Elizabeth, en Afrique du Sud, sont 33° 55' S / 25° 34' E. Autrement dit, la ville se trouve à 33 degrés et 55 minutes au sud de l'équateur, et à 25 degrés et 34 minutes à l'est de Greenwich. Chaque degré se divise en 60 minutes. Pour trouver Port Elizabeth sur une carte ou un globe, cherche ces lignes de latitude et de longitude, puis regarde où elles se croisent !

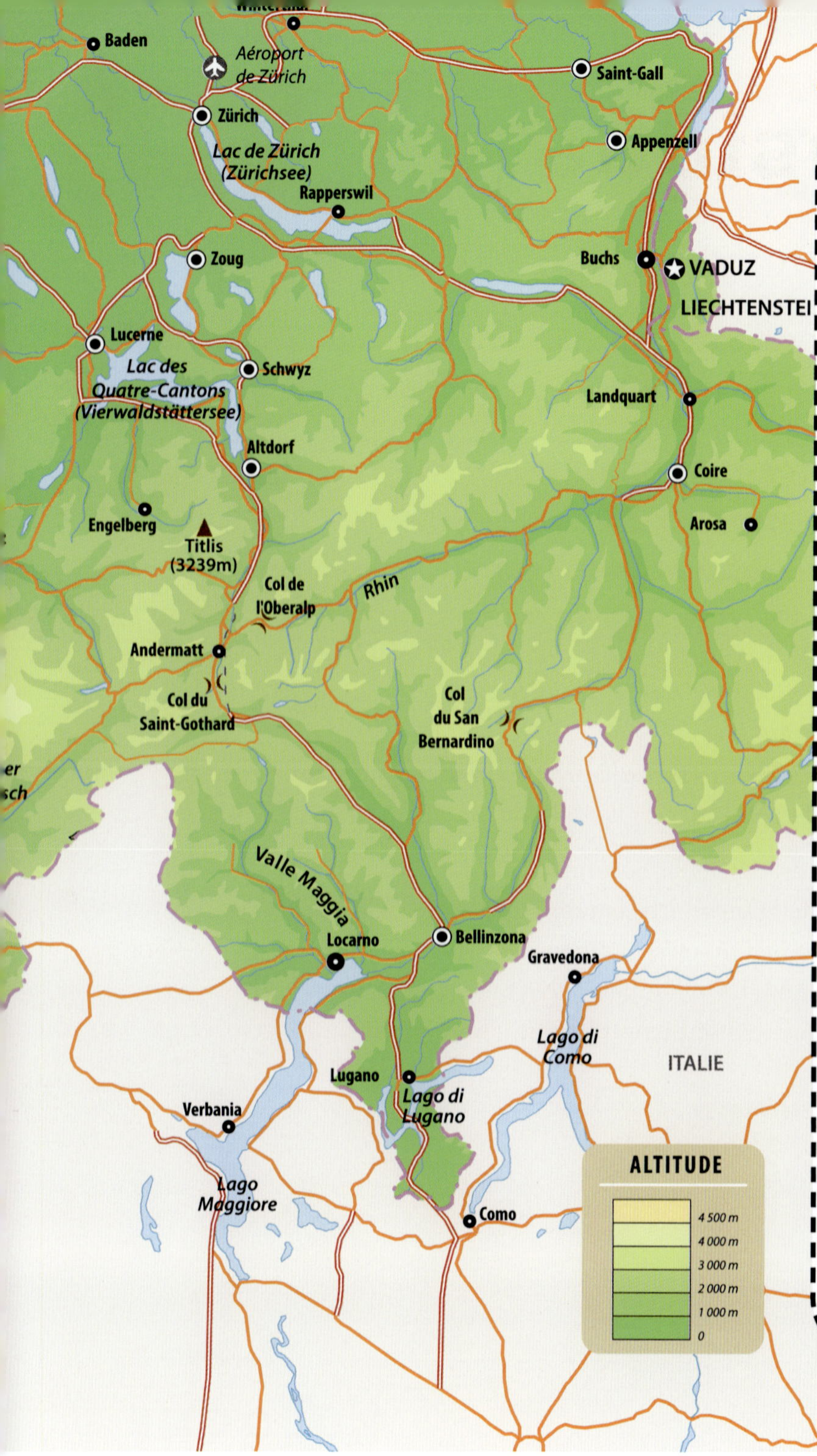

Échelle

L'échelle indique à quoi une unité de longueur sur la carte correspond dans la réalité. Une échelle à 1/50 000 signifie qu'un centimètre sur la carte correspond à 50 000 centimètres (500 mètres) sur le terrain.

Petite échelle

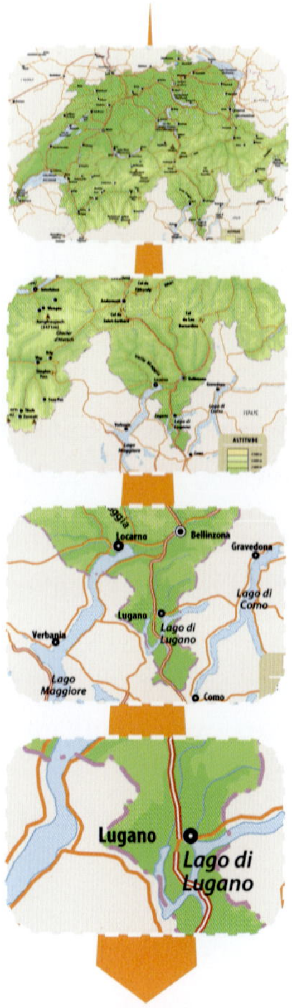

Grande échelle

Échelle graphique

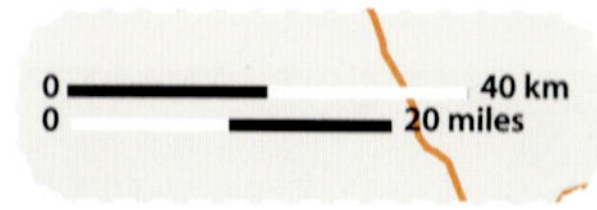

C'est la forme la plus simple d'échelle. Elle indique visuellement à quelle distance sur le terrain correspond un segment de droite de longueur arbitraire (dans l'exemple ci-dessus, 2,5 cm = 40 km). Ce type d'échelle est facile à interpréter, mais est rarement utilisée sur les cartes topographiques qui utilisent une échelle numérique (du type 1/50 000).

De l'infiniment grand à l'infiniment petit

Une carte à petite échelle, est une carte sur laquelle un centimètre correspond à beaucoup de kilomètres dans la réalité. On parle de petite échelle car on représente une réalité très grande de manière très petite. Ce genre de carte suffit pour se repérer dans le monde. Mais pour s'orienter dans une ville ou aller marcher dans la campagne, une carte détaillée est indispensable. Les cartes à grande échelle, comme ci-contre, donnent assez d'informations pour ne pas se perdre !

Approche géopolitique

"Il est bien difficile, en géographie comme en morale, de connaître le monde sans sortir de chez soi."

Voltaire

Les cartes politiques d'un atlas détaillé, comme celle ci-dessous, donnent des informations spécifiques.

Ces cartes visent à indiquer les pays du monde et les territoires contrôlés par chacun. Les frontières entre pays et entre États ou provinces sont clairement matérialisées. Les capitales mais aussi les grandes villes sont signalées par un symbole. Souvent, les pays voisins sont présentés dans une couleur différente pour une meilleure lisibilité. Les frontières faisant l'objet d'un litige – par exemple quand deux pays se disputent un territoire – sont marquées d'une manière différente. Les éléments de relief importants, comme les chaînes montagneuses ou les principaux fleuves, sont parfois identifiables.

Les faits historiques font souvent évoluer les frontières. Après la Seconde Guerre mondiale, l'Allemagne a été divisée entre Allemagne de l'Est et Allemagne de l'Ouest. Les cartes ont dû être redessinées. En 1990, après la réunification du pays, elles ont de nouveau été modifiées ! Parfois, certains lieux changent de nom après un bouleversement politique. L'ancien nom et le nouveau se côtoient un temps sur les cartes pour que chacun s'y retrouve. Les cartes politiques se périment beaucoup plus vite que les cartes physiques.

Comme tu l'as remarqué, la plupart des pays ne suivent pas un tracé propre et net. Lorsqu'un pays possède une région ou une île loin de son territoire principal, comme les États-Unis avec l'Alaska et Hawaii, les cartographes ont en général recours à un cadre à part pour souligner que cette zone est distante du reste du pays.

Litige frontalier

Certains pays se disputent parfois une région ou un territoire.
Par exemple, l'Inde et le Pakistan revendiquent chacun la propriété du Cachemire depuis plus de 60 ans ! Le Cachemire est donc indiqué comme un territoire contesté sur les cartes politiques. Dans cet atlas, les frontières des territoires sujets à conflit sont représentées par des pointillés.

Amérique du Nord

"L'Amérique est si vaste que presque tout ce qu'on en raconte est sans doute vrai, et le contraire aussi."

James T. Farrell

LÉGENDE
1 Marsouin vaquita **2** Golden Gate Bridge
3 Séquoia géant **4** Bernache du Canada
5 Orignal (élan) **6** Macareux **7** Mont Rushmore
8 Le Capitole **9** Statue de la Liberté **10** Ferme du Midwest **11** Vapeur du Mississippi
12 Alligator **13** Cathédrale de Mexico
14 Temple maya, Tikal **15** Aki (fruit)

Superficie : 24,5 millions de km²
Rang : 3e par la superficie (après l'Asie et l'Afrique)
Habitants : 529 millions

L'Amérique du Nord compte cinq fuseaux horaires, six avec l'Alaska, sept si on intègre aussi Hawaii.

L'Amérique du Nord compte d'innombrables merveilles naturelles. Des chutes du Niagara à la Vallée de la Mort, du Grand Canyon au mont McKinley, ses paysages sont parmi les plus spectaculaires au monde.

Sur cet immense continent on retrouve tous les principaux types de climat. La faune et la flore sont d'une grande variété, avec notamment une chouette minuscule et un ours énorme. Les populations sont originaires des quatre coins de la planète. Des villes immenses y ont été construites.

Venus d'Asie, les premiers peuples d'Amérique du Nord ont développé des cultures et des langages différents selon les territoires où ils se sont installés. La plupart chassaient et cueillaient pour se nourrir. Dans le sud du continent, certains ont appris à cultiver la terre, récoltant par exemple du maïs et des tomates. En Amérique centrale, les Mayas ont développé un système d'écriture et mis au point un calendrier. L'arrivée des Européens au XVIe siècle a été accompagnée d'épidémies et de massacres qui ont tué un grand nombre d'Amérindiens.

OCÉAN ARCTIQUE
GROENLAND
BAIE DE BAFFIN
TERRITOIRES DU NORD-OUEST
NUNAVUT
BAIE D'HUDSON
ALBERTA
QUÉBEC
TERRE-NEUVE ET LABRADOR
ÎLE-DU-PRINCE-ÉDOUARD
SASKATCHEWAN
MANITOBA
ONTARIO
MONTANA
DAKOTA
MINNESOTA
WISCONSIN
NOUVEAU-BRUNSWICK
MAINE
NOUVELLE-ÉCOSSE
IDAHO
WYOMING
Mississippi
IOWA
NEW YORK
NEW HAMPSHIRE
MASSACHUSETTS
CONNECTICUT
PENNSYLVANIE
NEW JERSEY
DELAWARE
NEVADA
UTAH
COLORADO
NEBRASKA
Missouri
ILLINOIS
INDIANA
OHIO
VIRGINIE OCC.
VIRGINIE
KANSAS
MISSOURI
KENTUCKY
Ohio
TENNESSEE
CALIFORNIE
ARIZONA
NOUVEAU-MEXIQUE
OKLAHOMA
CAROLINE DU NORD
BERMUDES
CAROLINE DU SUD
TEXAS
GÉORGIE
FLORIDE
MEXIQUE
LOUISIANE
GOLFE DU MEXIQUE
OCÉAN ATLANTIQUE NORD
BAHAMAS
CUBA
RÉPUBLIQUE DOMINICAINE
BELIZE
ANTILLES
PORTO RICO
GUATEMALA
HONDURAS
SALVADOR
NICARAGUA
MER DES CARAÏBES
COSTA RICA
PANAMÁ
AMÉRIQUE DU SUD
1
2
3
4
5
6
7
8
9
10
11
12
13
14
15

L'AMÉRIQUE DU NORD – UNE TERRE XXL !

L'Amérique du Nord voit les choses en grand, c'est bien connu. Lacs immenses, chutes d'eau vertigineuses, arbres gigantesques figurent tous au programme. Les habitants rêvent eux aussi en grand : ils ont construit des gratte-ciel interminables, ils ont marché sur la Lune et ont inventé la bombe nucléaire, mais aussi le jazz, la musique country et le mariachi au Mexique. On leur doit ces énormes parcs d'attractions qui ravissent les jeunes et les moins jeunes. Sans parler de l'industrie du cinéma à Hollywood qui a fait connaître au monde entier de nombreuses stars américaines et étrangères.

BOURBON STREET DANS LE QUARTIER FRANÇAIS, LA NOUVELLE-ORLÉANS

L'Amérique du Nord représente près de la moitié de la production mondiale de maïs

LE LAC MORAINE DANS LES ROCHEUSES CANADIENNES

LE PONT DU GOLDEN GATE, SAN FRANCISCO

LE GRAND CANYON, ARIZONA

Pourquoi l'Amérique ?

Le continent doit son nom à Amerigo Vespucci, explorateur italien du XVe siècle qui comprit le premier que l'Amérique du Sud ne faisait pas partie des Indes occidentales, mais formait un continent à part, inconnu des Européens. Le nom Amérique a, par la suite, été donné aussi à l'Amérique du Nord.

LE TOP 10 DE L'AMÉRIQUE DU NORD

DÉTROIT DE BÉRING
Il sépare le continent nord-américain du continent asiatique

MONT MCKINLEY (OU DENALI)
La plus haute montagne d'Amérique du Nord (6 193 m) s'élève en Alaska

GRAND LAC DE L'OURS
Le plus grand lac du Canada

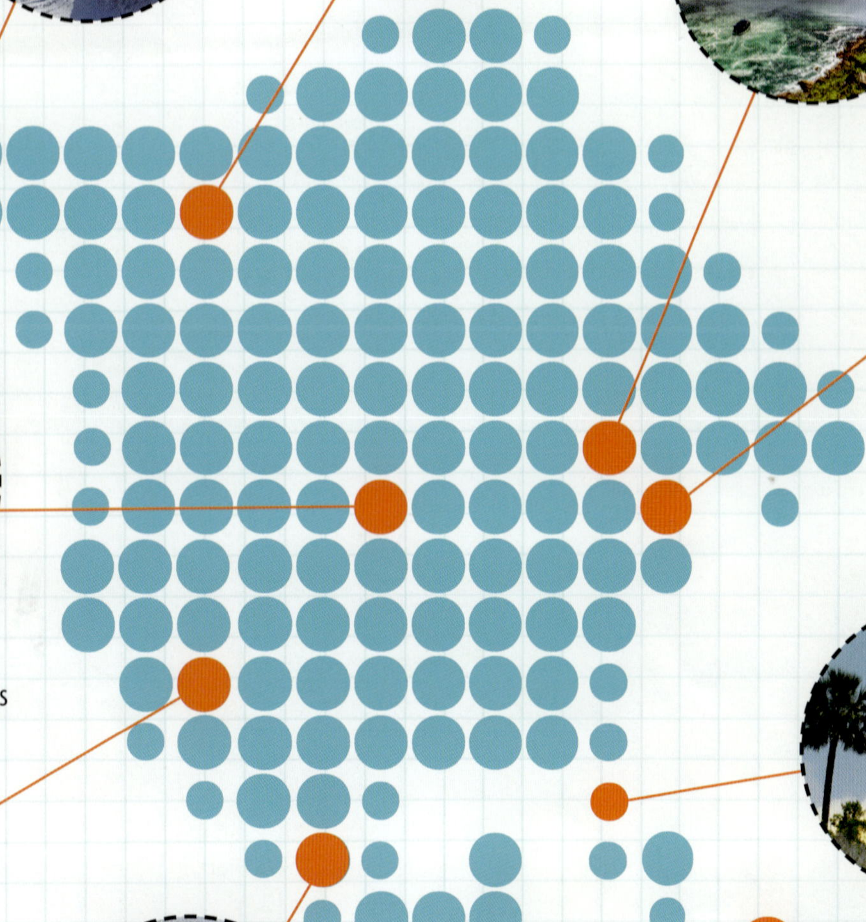

CHUTES DU NIAGARA
Entre le Canada et les États-Unis, le débit le plus important de toutes les cascades de la Terre

EMPIRE STATE BUILDING
Édifié en 1931 à New York, il apparaît dans plus de 250 films

MONT RUSHMORE
Hommage à quatre présidents des États-Unis

CHEVÊCHETTE DES SAGUAROS
Vit dans le désert de Sonora, en Arizona, et migre au Mexique l'hiver

MEXICO
L'une des villes les plus peuplées au monde : 20,8 millions d'habitants

CAP CANAVERAL
Site de lancement des fusées du Kennedy Space Center de la NASA

PIRATE
Les pirates des Caraïbes étaient appelés les boucaniers

CÉLÉBRITÉS NORD-AMÉRICAINES

Tu as sans doute entendu parler de quelques grandes figures de l'Amérique du Nord. **Neil Armstrong** (à g.) fut le premier homme à marcher sur la Lune. **Sitting Bull**, célèbre chef sioux, vainquit le **général Custer** lors de la bataille de la Little Bighorn. Parmi les écrivains célèbres du continent figurent **Mark Twain** (à d.) et **Toni Morrison**. Des musiciens comme **Dizzy Gillespie** et **Madonna** sont entrés dans les annales, comme les acteurs **Will Smith** et **Jennifer Lawrence**.

CANADA

ALBERTA - COLOMBIE-BRITANNIQUE - ÎLE-DU-PRINCE-ÉDOUARD - MANITOBA - NOUVEAU-BRUNSWICK - NOUVELLE-ÉCOSSE - ONTARIO - QUÉBEC - SASKATCHEWAN - TERRE-NEUVE-ET-LABRADOR

Terre de grands espaces sauvages, le Canada s'étire du nord au sud sur plus de la moitié de l'hémisphère nord. D'est en ouest, le pays couvre près de 7 560 km. Les hivers y sont très rudes : les températures descendent parfois sous la barre des -40°C dans certaines régions. Ses immenses forêts abritent des milliers d'espèces d'oiseaux et le reste de la faune est tout aussi riche. Le Canada est réputé pour ses grands mammifères : ours, caribou (renne), loup gris, orignal (élan), couguar (puma), bœuf musqué, morse et baleine.

FAMILLE INUIT DANS UN IGLOO, NUNAVUT

GARE À L'ORIGNAL !
On trouve ces panneaux de mise en garde au bord des routes où les véhicules risquent d'entrer en collision avec un orignal (élan).

LES BOIS D'UN ORIGNAL MÂLE PEUVENT ATTEINDRE 1,8 M D'ENVERGURE

MOUFLON CANADIEN

À L'AISE DANS LES ROCHEUSES

Les Rocheuses canadiennes font partie d'un ensemble de chaînes montagneuses qui s'étirent de l'Alaska à l'Amérique du Sud. Elles abritent des centaines de wapitis (cerfs), de mouflons canadiens et d'orignaux (élans).

RECORDS À BATTRE

Animal terrestre le plus rapide du Canada, l'antilocapre ressemble à une antilope et peut atteindre **90 km/h** sur une courte distance • Le macareux moine est le plus petit macareux au monde, gros à peu près comme un pigeon. Il lui faut de **300 à 400 battements d'ailes** par minute pour voler ! • Le renard polaire possède la fourrure la plus chaude de tous les animaux polaires. C'est le plus petit des canidés (chiens, loups et renards) de l'Arctique.

QUI SUIS-JE ?

Je couve mes œufs au sol dans les montagnes de l'Alaska et du Canada. Je suis blanc l'hiver, mais mon dos prend une teinte foncée l'été. Je préfère marcher plutôt que voler.

RÉPONSE : le lagopède

QUI SONT-ILS ?

Les premiers habitants étaient les **Amérindiens** ou peuples autochtones. Les **Européens** ont colonisé le territoire au XVIIe siècle. Les Canadiens actuels descendent en majorité de ces colons ou d'immigrants plus récents. La plupart des habitants parlent anglais, mais le français est aussi une langue officielle.

Le nom **Canada** vient du mot "kanata", qui signifie "village" dans la langue des Iroquois du Saint-Laurent.

FOUS D'ÉRABLE

Depuis 1965, la feuille d'érable s'affiche au centre du drapeau canadien. La sève de l'érable sert à fabriquer le sirop du même nom : il faut environ 30 litres de sève pour un litre de sirop. À l'automne, les feuilles d'érable prennent des teintes orangées, rouges et rousses. Les parcs nationaux informent le public sur la couleur de leurs arbres pour qu'il sache où trouver les plus flamboyantes.

Les États-Unis et le Canada partagent **8 893 km** de frontière – la plus longue frontière commune au monde

Le **totem du Corbeau** s'est dressé dans le parc national de Jasper pendant 93 ans, jusqu'à ce qu'on constate qu'il était en train de pourrir. Il a alors été restitué aux Indiens haïda qui l'avaient sculpté. En 2011, le totem des Deux Frères l'a remplacé.

100% CANADIEN !

INDUSTRIE :
Sylviculture
(exploitation du bois des forêts)

ŒUVRES D'ART :
Sculptures inuites en ivoire de morse, en corne de bœuf musqué, en bois de caribou ou en pierre stéatite, totems

"SALUT !" EN QUÉBÉCOIS :
"Allô !"

À NE PAS DIRE :
Tu es américain ?

CUISINE :
Poutine – frites arrosées d'une sauce brune et de dés de fromage

LOISIRS :
Observation des ours polaires

PÉCHÉ MIGNON :
Sirop d'érable

Les **Canadiens** emploient plusieurs termes d'argot pour désigner leur **monnaie**. La pièce d'un dollar, qui présente un oiseau aquatique (le "common loon"), est ainsi surnommée le **"loonie"**. La pièce de deux dollars est baptisée **"toonie"**, combinaison des mots "two" et "loonie" !

Le Canada compte **2 à 3 millions de lacs** – plus que tous les autres pays du monde réunis ! Ces lacs renferment **20%** des ressources mondiales en eau douce.

La **crosse** (**lacrosse** en anglais), le jeu auquel jouent aujourd'hui de nombreux Canadiens, s'inspire des jeux pratiqués par plusieurs peuples **amérindiens**. C'est l'un des sports collectifs les plus anciens d'Amérique ! Autrefois, certains matchs duraient plusieurs jours et rassemblaient jusqu'à un millier de participants.

Dans les Territoires du Nord-Ouest, les **plaques d'immatriculation** des voitures, motos et motoneiges ont la forme d'un **ours polaire**.

Les sols canadiens sont riches en métaux (zinc, nickel, plomb et or). Depuis le XVIe siècle, le pays exporte du poisson et des peaux dans le monde entier.

Ce sont les **Canadiens** qui mangent le plus de *macaroni and cheese* (gratin de macaronis au fromage) dans le monde !

Couleurs d'automne

Océan Pacifique Nord

Est des États-Unis

Alabama - Caroline du Nord - Caroline du Sud - Connecticut - Delaware - Floride - Géorgie - Illinois - Indiana - Kentucky - Maine - Maryland - Massachusetts - Michigan - Mississippi - New Hampshire - New Jersey - New York - Ohio - Pennsylvanie - Rhode Island - Tennessee - Vermont - Virginie - Virginie occidentale - Wisconsin

Dans le nord de cette région diversifiée, les métropoles de New York, Chicago et Philadelphie s'illustrent par leur dynamisme et leur modernité. Le Sud, aux températures plus clémentes, offre un rythme de vie moins effréné. De nombreux chanteurs de pop, de blues et de country viennent du Tennessee, du Mississippi et de Géorgie. Plus au sud encore, la Floride voit affluer les visiteurs en quête de plages, de soleil et de parcs d'attractions.

Les alligators peuvent mesurer jusqu'à 3,4 m.

RECORDS À BATTRE

Le premier parc national sous-marin du pays, le John Pennekamp Coral Reef State Park, a été inauguré en 1960. On y trouve une statue de Jésus, une épave espagnole et des coraux protégés de toute beauté • À Key West, l'île le plus au sud des États-Unis, sur un archipel de Floride, une balise colorée indique l'extrémité sud du pays • On ne trouve aux États-Unis qu'une seule espèce de crocodile et une seule d'alligator, toutes deux évoluant dans les mangroves des Everglades de Floride.

NAISSANCE D'UNE NATION

Les États-Unis sont un pays relativement jeune. Appartenant à différentes tribus, ses premiers habitants, les Amérindiens, ne se considéraient pas comme une nation unifiée. Les colons européens les ont combattus pour s'arroger leurs terres. En 1783, 13 colonies de la côte est se sont affranchies de la Couronne britannique et ont obtenu leur indépendance. Les États-Unis étaient nés.

35 millions d'Américains possèdent dans leurs gènes de l'**ADN** d'au moins l'un des 102 pères pèlerins arrivés à bord du *Mayflower* en 1620.

Les sept rayons sur la couronne de la **statue de la Liberté** représentent les sept continents. Le plus grand mesure **2,7 m** de longueur et pèse près de **70 kg**.

STATUE DE LA LIBERTÉ, NEW YORK

QUI SONT-ILS ?

La population américaine puise ses racines aux quatre coins de la planète. Outre les familles **amérindiennes** et les descendants des colons européens, on trouve des **Afro-Américains**, dont beaucoup comptaient des esclaves parmi leurs ancêtres. Aujourd'hui encore, le pays est une terre d'immigration où l'on vient tenter sa chance, à la poursuite du rêve américain.

Le **tout premier gratte-ciel** a été bâti à Chicago en 1884

En 1620, **des colons britanniques** atteignirent l'actuel Massachusetts à bord du **Mayflower**. Leur premier hiver s'avéra redoutable car la nourriture manquait. Des Indiens leur apprirent à cultiver les produits locaux et la récolte fut meilleure l'année suivante. Les colons invitèrent les Indiens à partager un repas. Ce festin est encore célébré aujourd'hui à l'occasion de **Thanksgiving**.

DANS L'ASSIETTE

La cuisine américaine a subi l'influence de multiples cultures, mais certains plats sont purement locaux. Le *corn dog*, sorte de beignet de saucisse, a été inventé au Texas. C'est à une habitante du Massachusetts, Ruth Graves Wakefield, que l'on doit le cookie. Et la *Key lime pie*, une tarte au citron, est la pâtisserie officielle de la Floride.

New York est la ville la plus peuplée des États-Unis, suivie par Los Angeles et Chicago.

100% EST-AMÉRICAIN

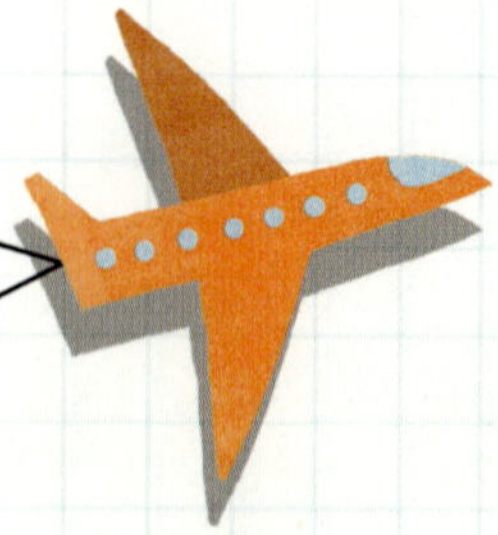

À DIRE :
"Have a nice day !" (Bonne journée)

À NE PAS DIRE :
Le football américain, ça ne vaut rien !

DESSERT FAVORI :
Key lime pie (tarte au citron)

SPORTS :
Football américain, base-ball, surf, rollers

BOISSONS :
Ginger ale (soda au gingembre), thé glacé

PLATS :
Hot dog, *clam chowder* (soupe de palourdes), beignets de tomates vertes

George Washington Carver, botaniste d'Alabama, voulait aider les fermiers pauvres à cultiver d'autres plantes que le coton pour pouvoir aussi nourrir leur famille (cacahuètes, patates douces). Il a découvert plus de **300** usages différents à l'**arachide** (autre nom de la cacahuète).

6%
des Américains pensent que personne n'a jamais marché sur la **Lune**.

En 2014, les États-Unis sont devenus le plus gros producteur de pétrole au monde, devant l'Arabie saoudite et la Russie. Une grande partie provient des forages du golfe du Mexique.

Le **billet d'un dollar** contient plusieurs images cachées, dont une araignée dans l'angle en haut à droite.

RECORDS À BATTRE

Les séquoias géants, qui atteignent **115,5 m** de haut (sans les racines) et **7,9 m** de circonférence, sont les plus grands arbres au monde. • Il n'y a pas mieux que l'Alaska pour assister à une aurore boréale, phénomène naturel dû à des particules solaires chargées d'électricité. Lorsque celles-ci rencontrent les gaz de l'atmosphère, elles se mettent à luire. Certains habitants d'Alaska ont mis au point un système d'alerte pour se prévenir par téléphone dès qu'ils aperçoivent une aurore boréale.

OUEST DES ÉTATS-UNIS

ALASKA - ARIZONA - ARKANSAS - CALIFORNIE - COLORADO - DAKOTA DU NORD - DAKOTA DU SUD - HAWAII - IDAHO - IOWA - KANSAS - LOUISIANE - MINNESOTA - MISSOURI - MONTANA - NEBRASKA - NEVADA - NOUVEAU-MEXIQUE - OKLAHOMA - OREGON - TEXAS - UTAH - WASHINGTON - WYOMING

Les espaces sauvages et les paysages inoubliables du Grand Ouest contribuent depuis longtemps à la fascination qu'exercent les États-Unis. Les grandes plaines du centre du pays se prêtent à l'exploitation agricole. Plus à l'ouest se dressent les sommets enneigés des Rocheuses et se déploie la Vallée de la Mort, désert suffocant de Californie. Sur la côte du Pacifique, les villes high-tech ont été le cadre de révolutions technologiques et de nombreuses productions cinématographiques.

À PERTE DE VUE
Une grande partie de l'Arizona se compose de désert.

VACHE DE LA RACE TEXAS LONGHORN

UNE AURORE BORÉALE EST TOUJOURS UN SPECTACLE GRANDIOSE

La Silicon Valley, berceau des nouvelles technologies, se trouve en Californie.

HABITATIONS INDIENNES TRADITIONNELLES EN ADOBE, NOUVEAU-MEXIQUE

QUI SONT-ILS ?

Dans le sud-ouest des États-Unis, de nombreux habitants ont des origines mexicaines. D'autres ont des ancêtres venus d'Amérique centrale ou d'Amérique du Sud. Certains encore ont des racines afro-américaines ou européennes.

Hawaii est le dernier des 50 États à avoir rejoint les États-Unis d'Amérique, en **1959**.

La Californie compte **40 millions d'habitants**, soit un huitième de la population du pays

HAWAII, ALOHA

Le seul nom d'Hawaii fait rêver. Sur ce superbe archipel, le soleil règne en maître. Mais Hawaii est surtout le temple du surf, où l'on trouve des vagues extraordinaires. La rive nord d'Oahu abrite de nombreux spots qui attirent chaque année des milliers de professionnels et d'amateurs venus du monde entier.

Le **surf** est né à Hawaii, où il a été découvert par le **capitaine Cook** dès 1778. Il est aujourd'hui pratiqué tout autour du monde.

100% OUEST-AMÉRICAIN

"SALUT !" :
"Howdy !"

CÉLÈBRE POUR :
Ses cow-boys

CÉLÈBRE AUSSI POUR :
Hollywood

DÉJEUNER FAVORI :
Sandwich au beurre de cacahuète et à la confiture

LOISIR :
Chasse à la tornade

PLANTE :
Cactus Saguaro

En **Californie**, en une seule journée, on peut passer de **86 m** sous le niveau de la mer dans la Vallée de la Mort à **4 418 m** d'altitude au sommet du mont Whitney.

En 1867, les **États-Unis** ont acheté l'Alaska, leur plus vaste État, à la **Russie** pour **7,2 millions de dollars**.

4 841

ans, c'est l'âge du plus **vieil arbre vivant** au monde, un **pin aristé** dans les White Mountains californiennes. Les visiteurs peuvent accéder à sa pinède mais, pour protéger Mathusalem (son nom), rien ne permet de l'identifier.

Au Colorado, la **Highway 550** est appelée "Million Dollar Highway" car du minerai d'or de piètre qualité aurait été utilisé pour la construire.

500 000

secousses sismiques mesurables se produisent chaque année en Californie.

Plusieurs entreprises célèbres dans le monde entier ont leur siège dans la Silicon Valley, dont Apple, le constructeur informatique, et Pixar, qui réalise des films d'animation.

La plus haute montagne d'Hawaii, **Mauna Kea**, s'élève à **4 205 m** au-dessus du niveau de la mer.

Mais si on la mesure depuis le fond océanique, elle se dresse à plus de **10 000 m** d'altitude, et serait donc plus haute que l'Everest (la plus haute montagne au-dessus du niveau de la mer) et ses **8 848 m**.

98%

de la pêche mondiale d'écrevisses proviennent de Louisiane.

Mexique, Amérique centrale et Caraïbes

Belize - Caraïbes - Costa Rica - Salvador - Guatemala - Honduras - Mexique - Nicaragua - Panamá

Vaste pays (3 fois la France), le Mexique abrite en son centre de hautes montagnes et de profonds canyons, de vastes déserts dans le Nord et d'épaisses forêts tropicales au sud et à l'est. Juste en dessous, l'Amérique centrale dessine une bande étroite qui relie le nord du continent au sud. D'une beauté sauvage, ces terres dominées par des chaînes volcaniques sont plutôt fertiles.

L'Amérique centrale est bordée par la Colombie, la mer des Caraïbes et l'océan Pacifique. Juste à l'est s'égrènent les îles des Caraïbes. Les forêts tropicales et les zones humides de l'est du Mexique abritent des milliers d'espèces végétales tropicales et d'animaux exotiques, comme le jaguar et le quetzal. Peu de pays comptent une faune et une flore aussi riches. On trouve aussi des forêts tropicales en Amérique centrale, notamment au Panamá et au Costa Rica.

Le pirate français François l'Olonnais sévissait dans les Caraïbes vers 1660

SACRÉE VUE !
Au Mexique, l'église de Nuestra Señora de los Remedios a été bâtie sur les ruines de la pyramide de Tlachihualtepetl. Elle fait face au volcan Popocatépetl, toujours actif.

QUETZAL

UN POISSON-PAPILLON, ESPÈCE ENVAHISSANTE, DANS UNE BARRIÈRE DE CORAIL

MASQUE DE TEOTIHUACAN, MEXIQUE

VOLCANS ET RÉCIFS

Plus haut sommet du Mexique, le volcan endormi Pico de Orizaba se dresse à **5 636 m** au-dessus du niveau de la mer • Le marsouin du Pacifique est le plus petit de tous les cétacés : il ne dépasse jamais **140 cm**. C'est aussi le plus menacé. On le rencontre uniquement au large du Mexique, à la pointe nord du golfe de Californie • La barrière de corail méso-américaine, qui s'étire sur **900 km** de Cancún (Mexique) au Honduras, est l'une des plus longues au monde. Le récif corallien de Belize, qui en fait partie, est l'une des principales destinations touristiques du pays, où se pressent près de la moitié des **260 000** visiteurs annuels.

CANAL DE PANAMÁ

Commencée en 1881, la construction du canal de Panamá s'est achevée en 1914. Depuis, les bateaux peuvent traverser l'Amérique centrale et aller de l'océan Pacifique à l'océan Atlantique, ce qui leur évite un long et périlleux détour par l'Amérique du Sud. Ce canal, qui traverse le Panamá sur 82 km, est l'une des sept merveilles du monde moderne.

PYRAMIDE D'EL CASTILLO (AUSSI APPELÉE PYRAMIDE DE KUKULKAN), SITE MAYA DE CHICHEN ITZÁ, MEXIQUE

QUI SONT-ILS ?

Avant l'arrivée des colons **espagnols** au XVIe siècle, la région était occupée par des **peuples autochtones (des Indiens)**. La plupart des actuels habitants d'Amérique centrale et des Caraïbes ont au moins une double origine, **africaine, asiatique, européenne ou indienne.**

Les îles des **Caraïbes** exportent du poisson, de l'aluminium, du fer, du nickel, du pétrole et du bois

Les Espagnols ont envahi le **Yucatán**, au Mexique, au XVIe siècle. Ils auraient donné ce nom à la péninsule car, lorsqu'ils interrogeaient les Mayas, ceux-ci répondaient **"uh yu ka t'ann"** ("écoutez comme ils parlent") !

FOUS DE FOOT

Les Mexicains adorent le foot. Non seulement ce sport est le plus prisé du pays, mais l'équipe mexicaine participe régulièrement à la phase finale de la Coupe du Monde, où elle a la fâcheuse habitude d'échouer en 1/8e de finale (chaque fois depuis 1994 !). Dans le stade national, l'Estadio Azteca à Mexico, on peut régulièrement assister à une *ola*, un mouvement de foule où tous les supporters se lèvent les uns après les autres, les bras en l'air. Le geste s'est répandu dans les stades depuis la Coupe du Monde de 1986, qui s'est déroulée au Mexique.

La Catrina est une figure emblématique de la culture mexicaine. On croise souvent ce curieux squelette pendant les fêtes du **Día de Muertos (Jour des morts)**.

100% Mexique, Amérique centrale et Caraïbes

99%

des **Barbadiens** (habitants de La Barbade, petit État insulaire de la mer des Caraïbes) savent lire et écrire. Efficace, le système éducatif de l'île est aussi gratuit pour tous.

Avec **124 millions** d'habitants, le **Mexique** figure au onzième rang mondial pour le nombre d'habitants.

MUSIQUE :
Groupes de mariachis mexicains

CUISINE :
Le *mole* est une sauce mexicaine relevée

LIEU :
Trafalgar Falls (chutes), Dominique

FÊTE :
Día de Muertos (Jour des morts)

PROVERBE (JAMAÏCAIN) :
Wan han wash de oda ("Une main lave l'autre")

JEU :
La *lotería*, proche du bingo mais avec des chansons et des cartes

SPORT :
Le football est très prisé dans toute l'Amérique centrale. Au Mexique on apprécie aussi le base-ball et le jaï alaï, sorte de pelote basque venue d'Espagne.

FRUIT :
L'aki est un fruit jaune qui se mange mûr, sans quoi il est toxique !

Les Mexicains prennent le sport au sérieux. Autrefois, les perdants d'un jeu de balle traditionnel étaient **mis à mort**. Et dans des spectacles de tauromachie ou de **rodéo** (inventé au Mexique), les participants risquent encore leur vie.

42 millions de personnes vivent en Amérique centrale.

Le Mexique produit de l'huile, de l'argent, du cuivre et des produits agricoles. En Amérique centrale, on pratique l'extraction de cuivre, d'or, d'argent et de zinc.

Située sur la **Ceinture de feu**, l'Amérique centrale possède de nombreux **volcans**, dont 28 encore actifs.

Aux XVIIe et XVIIIe siècles, l'île de **Sainte-Lucie** a changé **14 fois** de mains entre les Français et les Anglais.

Amérique du Sud

"Mon rêve est de voir préservée l'intégralité de la forêt, car nous savons qu'elle pourra garantir l'avenir de tous ceux qui y vivent."

Chico Mendes (1944-1988), paysan, syndicaliste et écologiste brésilien

L'Amérique du Sud est une terre de légendes. Il y a des siècles, les explorateurs européens eurent vent de rumeurs évoquant des royaumes perdus, des trésors fabuleux et des peuples vivant au cœur des forêts. Sur place, ils découvrirent une réalité encore plus époustouflante. Les civilisations amérindiennes, comme celle des Incas, avaient fondé de majestueux empires.

Équipés de chevaux et de fusils, les colons espagnols et portugais étaient avides d'or et de terres. Ils régnèrent sur l'Amérique du Sud pendant près de 300 ans.

Les pays du continent, désormais indépendants, abritent une riche mosaïque de peuples et de cultures, qui puisent leurs racines dans les civilisations indiennes, européennes, africaines et asiatiques. Malgré les exploitations agricoles démesurées, les usines, les gratte-ciel et les bidonvilles, l'Amérique du Sud a su préserver son âme qui se manifeste dans les rites, la musique et les spectacles. Montagnes et forêts primaires sont menacées par les projets de déforestation et d'extraction minière. Pour l'avenir de l'Amérique du Sud et de la planète, elles doivent à tout prix survivre.

LÉGENDE
1 Ocelot **2** Piments de Cayenne **3** Tortue verte **4** Machu Picchu **5** Ara rouge (ara Macao) **6** Rondins **7** Barque en totora (jonc), lac Titicaca **8** Grains de café **9** Christ Rédempteur, Rio de Janeiro **10** Otarie à crinière **11** Chutes d'Iguazú **12** Moai (statue géante)

Superficie : 17 840 000 km^2
Rang : 4e continent par la superficie
Habitants : 389 860 000

ÎLE DE MALPELO (COLOMBIE)
Orénoque
VENEZUELA
GUYANA
SURINAME
GUYANE FRANÇAISE
COLOMBIE
ÉQUATEUR
Bassin amazonien
Amazone
PÉROU
BRÉSIL
Hautes terres
BOLIVIE
Lac Titicaca
Andes
Désert de l'Atacama
PARAGUAY
Gran Chaco
CHILI
Lac Mar Chiquita
URUGUAY
ARGENTINE
Pampa
OCÉAN ATLANTIQUE SUD
Patagonie
ÎLES MALOUINES (G.-B.)
GÉORGIE DU SUD (G.-B.)
TERRE DE FEU
CAP HORN
1
2
3
4
5
6
7
8
9
11

INCROYABLE AMÉRIQUE DU SUD

Le fleuve Amazone prend sa source dans les Andes péruviennes, avant de traverser le Brésil jusqu'à l'Atlantique. Seuls les bateaux à moteur peuvent déjouer ses courants. Poumon vert du continent, le bassin de l'Amazone abrite la plus vaste forêt tropicale au monde. Au nord, le plateau des Guyanes couvert d'une forêt dense laisse place à des plaines tropicales à l'approche de la mer des Caraïbes et de l'Atlantique. À l'est, les sommets andins forment une épine dorsale parallèle à la côte Pacifique. De grandes villes sont implantées le long de l'Atlantique. À mesure que le continent se rétrécit vers le sud, des plantations de café, des ranchs et des pâturages apparaissent. À l'extrémité sud, des vallées arides s'étirent vers l'Antarctique et ses terres gelées.

La **cordillère des Andes** est la chaîne montagneuse la plus longue au monde avec **7 000 km**

LAC TITICACA (BOLIVIE ET PÉROU)

TERRE DE FEU, ARGENTINE

VOLCAN EN ÉRUPTION, CHILI

TORTUES GÉANTES, ÎLES GALÁPAGOS (ÉQUATEUR)

FORÊT AMAZONIENNE

Grandiose Amazonie

L'Amazonie couvre **5,5 millions de km²** • Elle s'étend sur 9 pays • Les précipitations, abondantes, s'élèvent à **2 743 mm** (soit 2,743 m) par an • Ses arbres produisent environ **un cinquième** de tout l'oxygène de la planète • La forêt abrite **plus d'animaux et de plantes** que toute autre forêt au monde • On y trouve **10%** des espèces mondiales et **20%** des espèces d'oiseau • On y recense **500** espèces de mammifères, environ **2,5 millions** d'**insectes** et **40 000 plantes** différentes.

Top 10 de l'Amérique du Sud

QUECHUA
La langue indienne la plus parlée du continent

PELÉ
Footballeur brésilien

KEREPAKUPAI VENÁ (VENEZUELA)
Saut de l'Ange, la plus haute cascade permanente du monde

PORTE DU SOLEIL (BOLIVIE)
Ruines de Tiwanaku (ou Tiahuanaco), vieilles de 1 500 ans

BRASÍLIA
Capitale du Brésil

SALAR DE UYUNI
Immense désert de sel en Bolivie

BARRAGE D'ITAIPU
Vaste centrale hydroélectrique à la frontière du Brésil et du Paraguay

SÃO PAULO (BRÉSIL)
Plus grande ville de l'hémisphère Sud, avec 21 millions d'habitants

TAMANOIR
Surnom : fourmilier géant

USHUAIA (ARGENTINE)
Ville la plus au sud dans le monde

Célébrités sud-américaines

Au début du XIXe siècle, les armées de **Simón Bolívar** (à g.) ont permis à de vastes territoires d'Amérique du Sud de s'affranchir du joug espagnol. Le Brésilien **Chico Mendes** (1944-1988) a œuvré à la protection de l'Amazonie. **Rigoberta Menchú** (née en 1959) a obtenu le prix Nobel de la Paix pour son action en faveur des droits de l'homme au Guatemala. L'Amérique du Sud compte nombre de stars du ballon rond, comme **Pelé** (né en 1940), **Diego Maradona** (né en 1960) et **Lionel Messi** (né en 1987, à d.).

Nord de l'Amérique du Sud

Bolivie - Brésil - Colombie - Équateur - Guyane française - Guyana - Pérou - Suriname - Venezuela

Sur les côtes de l'océan Atlantique et de la mer des Caraïbes, des mégalopoles abritent des gratte-ciel s'élevant au-dessus de plages et de larges avenues. Mais de nombreux habitants pauvres s'entassent dans les *favelas* (bidonvilles) à flanc de colline. Dans le nord-est de cette région se trouvent les forêts et les rivières du plateau des Guyanes. Les cultures de canne à sucre et les rizières sont proches des côtes. Au nord-ouest, le fleuve Orénoque irrigue les savanes des Llanos, où des cow-boys gardent encore le bétail. Le Venezuela possède une grande partie des réserves mondiales de pétrole. À l'ouest, le relief s'élève jusqu'aux hauts sommets andins, froids et secs. La côte Pacifique et les montagnes ont vu de grandes civilisations naître et s'éteindre depuis des millénaires. On y trouve les villes de haute altitude – Bogotá, Quito et La Paz – et, près du Pacifique, Lima et Callao.

La cité inca du Machu Picchu, Pérou

Îles Galápagos (Équateur)

Océan Pacifique

Rassemblement de bétail dans le Mato Grosso, Brésil

TERRE DE CONTRASTES
Au Brésil, l'immense statue du Christ Rédempteur surplombe Rio de Janeiro. En contrebas, des abris de fortune semblent jouxter les luxueuses résidences, avec pour toile de fond les collines verdoyantes et le bleu de l'océan.

Aras dans la forêt amazonienne

PETIT ENFANT À OLLANTAYTAMBO, PÉROU

RECORDS À BATTRE

Plongeant sur **979 m**, les chutes de Kerepakupai Vená (ou Saut de l'Ange), au Venezuela, sont les plus hautes du monde • Le lac Titicaca se situe à **3 812 m** d'altitude dans les Andes, à la frontière entre la Bolivie et le Pérou. C'est le plus haut lac de la planète à être emprunté par de gros bateaux, même si les habitants préfèrent utiliser des barques en totora, une sorte de jonc • Les îles Galápagos abritent les plus grosses tortues au monde. Certaines mesurent plus de **1,5 m** de long et pèsent 250 kg.

MYSTÈRE DU DÉSERT

Dans le désert de Nazca, au Pérou, la surface du sol est striée de lignes vieilles de 1 500 ans. Certaines forment des motifs ou représentent des singes, des colibris ou des poissons. Ces dessins immenses ne sont déchiffrables que vus du ciel. En dépit de nombreuses théories, personne ne sait vraiment comment ils sont arrivés là.

QUI SONT-ILS ?

Langue officielle de plusieurs pays de cette région du monde, l'espagnol y est très certainement la langue dominante. Mais on parle aussi portugais au Brésil, anglais en Guyana, néerlandais au Suriname, français en Guyane, pour ne citer que quelques exemples. On rencontre aussi les langues des populations autochtones, comme le **yanomami** au Brésil, le **tukano** en Colombie ou le **quechua** dans les Andes.

Les **Yanomami** sont l'un des plus grands groupes autochtones de l'Amazonie. Ils habitent une région reculée, à la frontière du Brésil et du Venezuela, aujourd'hui transformée en réserve.

ENFANTS DES BARRIOS

Environ 10,8 millions de personnes vivent dans les *barrios* (les quartiers périphériques) de Bogotá, en Colombie. Beaucoup sont des habitants pauvres des campagnes qui ont gagné la ville dans l'espoir de trouver un travail. Faute d'argent pour louer un logement, ils occupent des abris faits de bric et de broc dans des *barrios* accrochés aux collines de Bogotá.

Le **Brésil** est le plus vaste pays d'Amérique du Sud avec une superficie de **8 512 000 km²** (15 fois celle de la France)

La ville de **Rio de Janeiro** est réputée pour son **carnaval**, avec costumes scintillants et défilés : 2 millions de personnes envahissent les rues sur fond de samba.

100% NORD DE L'AMÉRIQUE DU SUD

Savais-tu que des **momies** ont été découvertes sur les sommets des **Andes** ? Les cadavres (parfois des sacrifices humains) étaient déposés dans des tours de pierre, les **chullpas**, où ils se conservaient grâce à l'air froid et sec.

Dans la **forêt tropicale colombienne**, les chasseurs se servent de flèches empoisonnées. Ils récupèrent la substance toxique sur une **grenouille dorée** qui en contient jusqu'à 1 mg, assez pour tuer des milliers de souris ou 20 êtres humains !

"SALUT !" EN QUECHUA :
"Napaykullayki !"

INSTRUMENT DE MUSIQUE :
Flûtes de pan des Andes

EN-CAS ORIGINAL :
Fourmis coupe-feuilles grillées (Colombie)

FIENTE RECHERCHÉE :
Le cormoran de Bougainville, au Pérou, produit un guano utilisé comme engrais

MAMMIFÈRE LE PLUS PAISIBLE :
Paresseux (aï) à trois doigts

EMBOUTEILLAGES MONSTRES :
São Paolo, au Brésil, a déjà connu des bouchons sur 295 km

RECORD MONDIAL :
Le Brésil a remporté cinq fois la Coupe du Monde de football

DENTITION EXCEPTIONNELLE :
Le tatou géant possède entre 80 et 100 dents

LE PLUS CONNECTÉ :
Le Brésil est le deuxième utilisateur au monde de Facebook et de Twitter, après les États-Unis.

Au **Pérou** et en **Équateur**, pense à enfiler des sous-vêtements **jaunes** pour la Saint-Sylvestre. Si tu n'en as pas, tu en trouveras en vente partout.

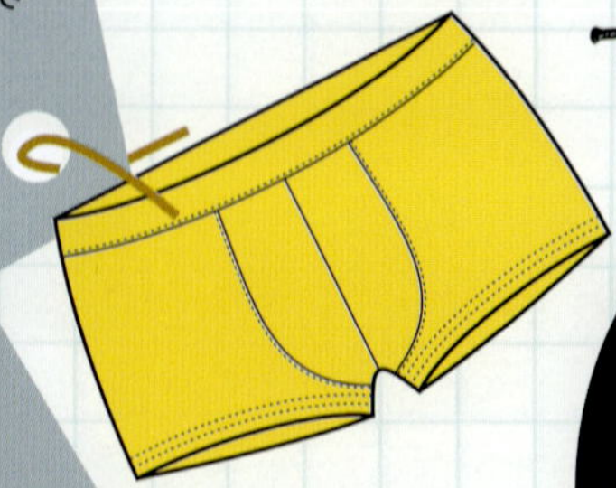

Le jaune symbolise la chance pour l'année à venir. Mets du **rouge** si tu as envie de tomber amoureux !

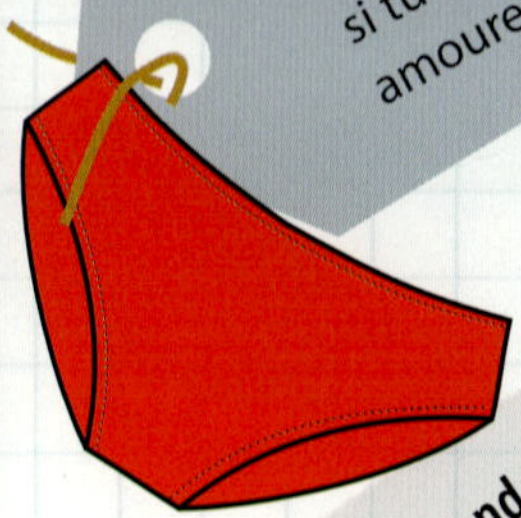

Le **Venezuela** tire la plupart de ses ressources de l'exploitation du pétrole.

Le Brésil est le plus grand producteur au monde de café, avec 2,6 millions de tonnes par an.

Au Pérou, le train qui relie la capitale Lima à Huancayo circule à **4 829 m** d'altitude, entre ciel et montagnes !

SUD DE L'AMÉRIQUE DU SUD

ARGENTINE - CHILI - GÉORGIE DU SUD - ÎLES MALOUINES - PARAGUAY - URUGUAY

VALLÉE DE LA LUNE, DÉSERT DE L'ATACAMA, CHILI

La découverte commence par une chevauchée à travers les plaines du Gran Chaco, de l'Argentine au Paraguay. La plupart des Paraguayens vivent dans les terres fertiles de l'est du pays. En Uruguay, le bétail broute dans les collines et les vallées ; fruits et légumes sont cultivés dans les terres proches du littoral atlantique. La capitale, Montevideo, se trouve sur la rive nord du Río de la Plata tandis que sur la rive sud se situe Buenos Aires, capitale de l'Argentine. Dans l'ouest de cet immense pays, sur les contreforts des sommets andins, s'étendent vignobles et riches vallées. Au sud-est, la pampa est une vaste plaine herbeuse vouée à l'élevage, autrefois célèbre pour ses *gauchos* (cow-boys). La température diminue à mesure que l'on descend vers la Patagonie aux vallées arides, balayées par les vents. S'étirant entre la cordillère des Andes et l'océan Pacifique, le Chili abrite à la fois des déserts, des forêts, des côtes accidentées, des volcans et des mines de cuivre. Le Chili et l'Argentine se partagent la Terre de Feu, à la pointe sud du continent.

VIGNE CHILIENNE

UN GLACIER GIGANTESQUE
En Patagonie, le glacier Perito Moreno est spectaculaire. Il s'étend sur 30 km de long et 170 m d'épaisseur.

LAMA, CHILI

DANSEURS DE TANGO, ARGENTINE

LE PLUS ARIDE

Le désert de l'Atacama est le plus sec et le plus vieux de la planète. À certains endroits, il n'a pas plu depuis des centaines d'années. Sa surface ressemblerait à celle de Mars !

BUENOS AIRES, ARGENTINE

RECORDS À BATTRE

À son embouchure, le Río de la Plata mesure **220 km** de largeur. C'est le record du monde ! • Dans les Andes argentines, le mont Aconcagua s'élève à **6 961 m** au-dessus du niveau de la mer. C'est le plus haut sommet de l'hémisphère sud • Les côtes de l'océan Pacifique sont célèbres pour leurs tremblements de terre et leurs volcans. Le Chili compte **137** volcans actifs.

? QUI SUIS-JE ?

Je suis un oiseau qui ne vole pas. Sur terre, j'ai l'air maladroit, mais dans l'eau, je nage comme un poisson.

RÉPONSE : le pingouin

QUI SONT-ILS ?

Au nombre des populations autochtones de la région figurent les **Guarani**, les **Matacos** et les **Mapuche**. Après des siècles de domination espagnole, l'**espagnol** demeure la langue la plus courante. De nombreuses vagues d'immigrants se sont succédé : **Italiens, Allemands, Russes, Gallois, Polonais, Syriens, Libanais, Japonais et Coréens**.

Avec une superficie de **2 766 890 km²** (5 fois celle de la France), l'**Argentine** est le plus vaste pays de cette région du monde

Le **passage de Drake** entre le cap Horn et l'île Livingston (entre l'Amérique du Sud et l'Antarctique donc) ne mesure que **809 km** de large.

SAUVETAGE INESPÉRÉ

En 2010, 33 mineurs chiliens se sont retrouvés bloqués sous terre après un éboulement. L'un d'eux, Ariel Tacuna, n'a pas pu assister à la naissance de sa fille, mais a envoyé un message à sa femme lui demandant de nommer la petite Esperanza ("Espoir"). Par miracle, les 33 hommes prisonniers de la mine furent libérés 69 jours plus tard.

100% SUD DE L'AMÉRIQUE DU SUD

En 2009, le gouvernement **uruguayen** a offert un ordinateur portable à chaque enfant scolarisé du pays.

"SALUT !" EN GUARANI :
"Mbaé'chepa !"

INSTITUTION CULINAIRE ARGENTINE :
L'*asado* (bœuf grillé au barbecue)

VILLE LA PLUS PEUPLÉE :
La mégalopole de Buenos Aires (Argentine) - 12,8 millions d'habitants

L'ARBRE LE PLUS DIFFICILE À ESCALADER :
L'arbre national du Chili : le pin du Chili (également appelé "désespoir des singes")

LA DANSE LA PLUS DÉMONSTRATIVE :
Le tango, inventé à Buenos Aires (Argentine)

UN OISEAU QUI NE VOLE PAS :
Le nandou, version sud-américaine de l'autruche, ne vole pas du tout

ATTENTION AVANT DE TRAVERSER :
L'avenue 9 de Julio à Buenos Aires (Argentine) compte sept voies dans chaque sens et mesure 140 m de largeur, un record mondial !

Le plus grand dinosaure jamais retrouvé a été découvert en **Patagonie en 2014**. Ce mastodonte mesurait **40 m de longueur** et **20 m de hauteur**. Il pesait **77 tonnes**.

Sa taille et son poids équivalaient à ceux d'un **Boeing 737** !

En-cas prisé au **Pérou** : le *chifle* – des rondelles de banane plantain salées et frites.

Le passage du cap Horn est tristement célèbre : au temps des navires à voiles, ses vents violents et ses vagues de 30 m ont causé de nombreux naufrages.

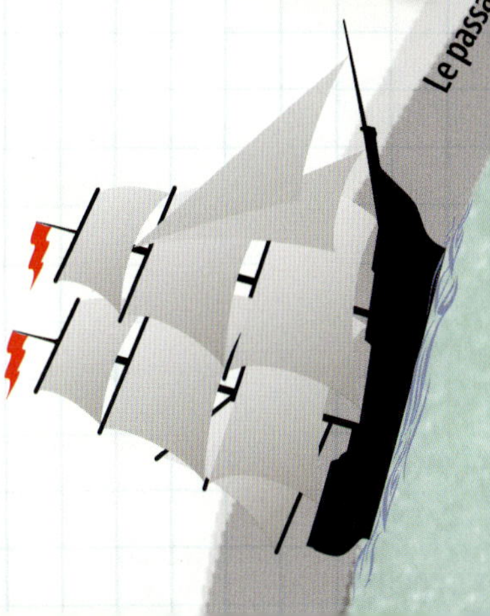

Près d'**un cinquième** de la pêche mondiale provient du courant de Humboldt, un courant froid qui remonte vers le nord le long des côtes du **Chili et du Pérou**.

Europe

"Apprendre d'hier, vivre pour aujourd'hui, espérer pour demain."

Albert Einstein

Le continent européen est l'un des plus petits, mais il s'y côtoit des paysages d'une extraordinaire diversité, des forêts enneigées et des fjords du Nord aux plages ensoleillées et aux oliveraies du Sud.

L'Europe est bordée au nord par l'océan Arctique et, sur son flanc ouest, par l'océan Atlantique, auquel le littoral doit son climat parfois pluvieux. Les pays du Sud bénéficient de la proximité des eaux plus chaudes de la Méditerranée et de la mer Noire.

Outre ses villes modernes, le "Vieux Continent" s'enorgueillit d'un riche patrimoine architectural, qu'il s'agisse de sites mégalithiques, de cathédrales, de châteaux moyenâgeux ou de palais Renaissance. Plus récemment, l'ère industrielle a marqué les paysages avec ses usines et ses voies ferrées. Au XIXe siècle, l'Europe régnait sur une grande partie de la planète, ce qui a contribué à diffuser l'anglais, l'espagnol et le français à travers le monde.

Le continent se prolonge vers l'est jusqu'au Caucase et à l'Oural, aux portes de l'Asie. En fait, les continents européen et asiatique forment un vaste bloc géographique appelé Eurasie. On considère que la Russie, la Turquie, l'Azerbaïdjan, la Géorgie et le Kazakhstan appartiennent aux deux continents. Ils figurent dans la rubrique Asie de cet Atlas.

LÉGENDE
1 Bateau de pêche portugais
2 Oranges 3 Mont-Saint-Michel
4 Cornemuse 5 Église en bois 6 Porte de Brandebourg, Berlin 7 Bison d'Europe 8 Œufs décorés 9 Pélican
10 Moulin à vent grec 11 Dauphin
12 Gondole, Venise 13 Duomo (cathédrale), Florence 14 Basilique de la Sagrada Familia, Barcelone
L'Union européenne compte actuellement 28 pays membres, le dernier (la Croatie) ayant été admis en 2013.
Superficie : 10 180 000 km²
Rang : 6e continent par la superficie
Habitants : 741,2 millions
NORVÈGE
SUÈDE
FINLANDE
MER BALTIQUE
ESTONIE
LETTONIE
LITUANIE
BIÉLORUSSIE
RUSSIE
DANEMARK
POLOGNE
ALLEMAGNE
Oder
Rhin
Danube
RÉPUBLIQUE TCHÈQUE
SLOVAQUIE
UKRAINE
Dniestr
Dniepr
MOLDAVIE
LIECHTENSTEIN
AUTRICHE
HONGRIE
ROUMANIE
SLOVÉNIE
CROATIE
MER NOIRE
BOSNIE-HERZÉGOVINE
SERBIE
BULGARIE
SAINT-MARIN
KOSOVO
MONTÉNÉGRO
MACÉDOINE
ALBANIE
TURQUIE
ITALIE
CITÉ DU VATICAN
Sardaigne
GRÈCE
Sicile
CHYPRE
Crète
MALTE
1
2
3
4
5
6
7
8
9
10
11
12
13

UNE EUROPE AUX MULTIPLES FACETTES

Les capitales comme Paris, Londres, Berlin ou Rome recèlent aussi bien des quartiers d'affaires ultramodernes que des édifices témoignant du passé glorieux du continent. À côté de festivals traditionnels fleurissent les dernières créations en matière de mode et de vie artistique. Tu peux faire tes achats dans des petites boutiques comme sur les étals des marchés. L'Europe est aussi le reflet de son histoire, et des individus venus des quatre coins de la planète s'y retrouvent. Une tradition agricole pluriséculaire a profondément marqué ses paysages, des quartiers aisés côtoient des banlieues déshéritées, des zones industrielles et des ports complètent le tableau.

La péninsule **scandinave** mesure **1 850 km** de long

LES RIVES DU DANUBE, BUDAPEST, HONGRIE

LA GRIVOLA ET LE GLACIER DU NOMENON, VAL D'AOSTE, ITALIE

CIGOGNE BLANCHE

Entre terre et mer

L'Europe occidentale doit son climat tempéré à un courant océanique chaud, la dérive nord-atlantique • Plus enclavée, l'Europe centrale et orientale affiche des températures moins clémentes, été comme hiver • La mer Méditerranée ("au milieu de la terre") s'étend sur **2,5 millions de km²**.

Ingénieuse Europe

L'Europe est célèbre pour ses multiples inventions • le thermomètre **(1593)** • la presse **(1605)** • le télescope **(1608)** • la locomotive à vapeur **(1803)** • la photographie **(1822)** • le saxophone **(1846)** • l'automobile **(1885)** • la télévision **(1926)** • le stylo à bille **(1938)** • Internet **(1989)**.

LOCOMOTIVE À VAPEUR

Le top 10 de l'Europe

Le Shard, Londres, Angleterre
(312,7 m de haut)

Macareux moine
Oiseau marin de l'océan Atlantique nord

Stonehenge, Angleterre
Site préhistorique
(env. 3000-2000 av. J.-C.)

Élan
Le plus grand cervidé au monde

Goulash hongrois
Ragoût de bœuf relevé, accompagné de pâtes et de légumes

Tour Eiffel, Paris
Emblème de la ville (1889)

L'Alhambra, Grenade, Espagne
Palais maure (889)

Mont Blanc, France
(4 810 m d'altitude)

Vatican
Centre de l'Église catholique et plus petit État du monde

Le Parthénon, Athènes, Grèce
Temple grec (447-438 av. J.-C.)

Célébrités européennes

Harry Potter a été interprété à l'écran par l'acteur britannique **Daniel Radcliffe** (à g., né en 1989). Le Serbe **Novak Djokovic** (né en 1987) figure parmi les meilleurs joueurs de tennis au monde. **Tamara Rojo** (à d., née en 1974), ballerine espagnole, est la directrice artistique de l'English National Ballet. **Jean-Paul Gaultier** (né en 1952) est un créateur de mode français.

EUROPE DU NORD

DANEMARK - ESTONIE - FINLANDE - ISLANDE - LETTONIE - LITUANIE - NORVÈGE - SUÈDE

SKI DE FOND, NORVÈGE

Dans le nord de l'Europe, à proximité du cercle polaire, le soleil ne se lève presque jamais durant les "journées" d'hiver et il fait jour toute la nuit au cœur de l'été. C'est ici que l'on peut admirer les fameuses aurores boréales.

En Scandinavie (Norvège, Suède et Danemark), on trouve des forêts d'épicéas et de bouleaux, des lacs, des montagnes et des fjords. Les hivers sont neigeux, mais les étés peuvent être chauds et ensoleillés. L'Islande est réputée pour ses volcans et ses sources naturelles, qui apportent chaleur et énergie aux habitations et exploitations agricoles.

De l'autre côté de la mer Baltique, la Finlande (capitale Helsinki) est aussi une terre de lacs et de forêts. Les trois pays baltes, Estonie, Lettonie et Lituanie, entretiennent des liens historiques avec l'Allemagne et la Pologne. Elles ont appartenu à l'Union soviétique (Russie) jusqu'en 1991.

OCÉAN ATLANTIQUE

ÉOLIENNES, DANEMARK

AURORE BORÉALE, VUE D'ISLANDE

GRAND-DUC D'EUROPE

VIKINGS À L'ATTAQUE

Il y a environ 1 200 ans, la Scandinavie était la patrie des Vikings, grands marins et habiles marchands, mais aussi redoutables guerriers, à l'instar d'Éric Ier surnommé "Hache sanglante" !

STAVKIRKE (ÉGLISE EN BOIS), NORVÈGE

Exportations nord-européennes

Poissons de la mer du Nord • Bois et papier issus des forêts • Pétrole et gaz de la mer du Nord • Éoliennes danoises • Bacon et beurre danois • Productions des serres islandaises • Voitures et camions • Électronique

?

QUI SUIS-JE ?

Je navigue sur un drakkar, j'habite dans une maison commune, j'ai une longue barbe et une hache acérée. Méfie-toi !

RÉPONSE : un vieux viking barbu

QUI SONT-ILS ?

Les Danois, les Suédois, les Norvégiens et les Islandais sont des peuples **germaniques**, aux langues relativement proches. Les **Sami,** les **Finlandais** et les **Estoniens** sont de lointains cousins. Quant aux Lettons et aux Lituaniens, ce sont des **Baltes**.

La **Suède** est le plus vaste des pays nordiques : **450 295 km²** (20% de moins que la France)

Reykjavik, en **Islande**, est la capitale la plus au nord de la planète.

FANS DE LEGO

La marque Lego® est née au Danemark en 1949. Depuis, quelque 560 milliards de briques, pièces et personnages ont été fabriqués ! Quel meilleur endroit pour les découvrir que le parc Legoland de Billund, au Danemark, juste à côté de l'usine Lego d'origine ?

Plusieurs pays nordiques organisent des **fêtes des Lumières** au moment du solstice d'hiver. Les jeunes Suédoises se coiffent d'une couronne de bougies pour la **Sainte-Lucie** (13 décembre).

Le pont autoroutier et ferroviaire de l'**Øresund** se prolonge par le tunnel de Drogden pour relier la capitale danoise, Copenhague, à Malmö en Suède.

100% EUROPE DU NORD

On trouve plus de **2 millions** de saunas en **Finlande**.

"SALUT !" EN FINNOIS :
"Hei !"

LE NOM LE PLUS COURT :
Un village de pêcheurs appelé Å, sur les îles Lofoten (Norvège)

JOYAU DE LA BALTIQUE :
L'ambre est une résine fossilisée de couleur jaune, marron ou orange

MUSIQUE :
Dans les années 1970, le groupe suédois Abba a vendu 380 millions d'albums dans le monde

BEST-SELLER :
Les aventures de Fifi Brindacier de l'auteure suédoise Astrid Lindgren ont été traduites dans 64 langues

SOLEIL DE MINUIT :
À Noordkapp, en Norvège, le soleil ne se couche pas du 14 mai au 15 juillet

VOLCANS :
L'Islande compte plus de vingt volcans actifs

Un dessin rupestre à **Alta**, **en Norvège**, laisse penser qu'on y pratiquait déjà le ski il y a **4 000 à 5 000 ans**.

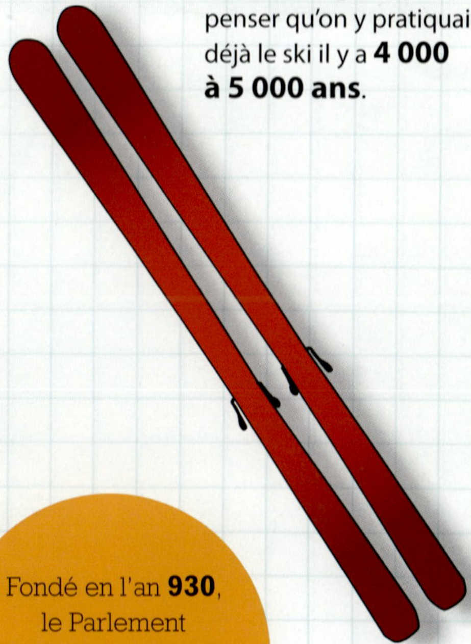

À **Copenhague**, capitale du Danemark, le site le plus admiré des visiteurs est la statue de la **Petite Sirène**, inspirée du conte de Hans Christian Andersen.

Fondé en l'an **930**, le Parlement islandais (Alpingi) est l'un des plus vieux au monde.

La célèbre marque suédoise IKEA possède 349 enseignes dans 43 pays. Elle consommerait 1% des ressources mondiales en bois.

Les Danois grignotent plus de **100 millions** de hot dogs par an.

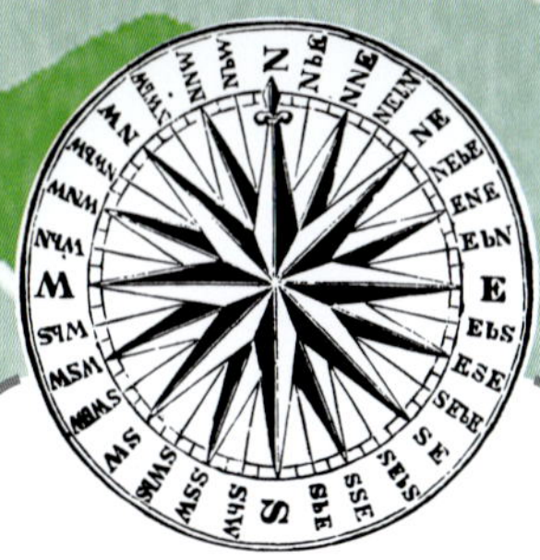

Savais-tu que les **Vikings** ont découvert l'**Amérique du Nord** presque **500 ans** avant Christophe Colomb ?

NORD-OUEST DE L'EUROPE

ALLEMAGNE - AUTRICHE - BELGIQUE - FRANCE - IRLANDE - LIECHTENSTEIN - LUXEMBOURG - MONACO - PAYS-BAS - ROYAUME-UNI - SUISSE

Les vagues de l'Atlantique viennent caresser les pieds des falaises de la côte ouest de l'Irlande, terre de légendes et de collines verdoyantes. Associée à la Grande-Bretagne (Angleterre, Écosse et pays de Galles), l'Irlande du Nord compose le Royaume-Uni. Tu trouveras là des landes, des cités médiévales, des petites bourgades et, bien sûr, de grandes villes animées comme Londres ou Édimbourg.

Grâce à l'Eurostar et au tunnel sous la Manche, rien de plus simple que de voyager entre l'Angleterre et la France. On peut ensuite sillonner la vallée de la Loire, descendre vers les vignobles du Bordelais ou encore filer vers la Côte d'Azur ou la principauté de Monaco. Au-delà de la chaîne des Alpes, on rejoint la Suisse, le minuscule Liechtenstein et l'Autriche, superbes pays à la vie culturelle dynamique.

S'étirant des Alpes à la mer du Nord et à la Baltique, l'Allemagne est traversée par le Rhin et l'Elbe. Landes et forêts, montagnes et plaines y composent un superbe cadre dans lequel sont parsemés de nombreuses cités industrielles, des châteaux et des maisons traditionnelles.

TGV FRANÇAIS

CHÂTEAU DE CONTE DE FÉES
Louis II de Bavière raffolait des châteaux. En 1869, il fit édifier l'extravagant château de Neuschwanstein, un hommage à Wagner et à la mythologie germanique.

CERF ÉLAPHE, ÉCOSSE

PORTE DE BRANDEBOURG, BERLIN, ALLEMAGNE

BRETONNE EN COSTUME TRADITIONNEL, FRANCE

QUELQUES CHIFFRES

Monaco est le plus petit État de la région, avec une superficie d'à peine **2 km²** • La chaîne des Alpes s'étend sur huit pays et compte une centaine de sommets de plus de **4 000 m** d'altitude • Avec **8,3 millions** d'habitants, Londres est la plus grande ville du nord-ouest de l'Europe • L'Autriche produit plus de la moitié de son électricité grâce à ses fleuves et à ses lacs.

LES SECRETS DE L'UNIVERS

Au niveau de la frontière franco-suisse, dans un tunnel souterrain, se trouve le LHC (ou, en français, le grand collisionneur de hadrons), l'accélérateur de particules le plus grand et le plus puissant du monde. Les scientifiques procèdent ici à des expériences destinées à valider des théories physiques.

QUI SONT-ILS ?

Les frontières du nord-ouest de l'Europe ont évolué au fil des siècles. Aujourd'hui, on considère les habitants selon leur nationalité – les **Français**, les **Allemands**, les **Néerlandais**, les **Suisses**, mais ces populations recouvrent en fait des peuples de différentes origines : **Écossais, Gallois, Bretons, Wallons, Flamands, Frisons, Souabes, Bavarois**… La Suisse possède même quatre langues nationales (français, allemand, romanche et italien). En raison des anciens empires coloniaux européens, nombre d'habitants ont aussi des racines **africaines, asiatiques** et **antillaises**.

En août 1961 fut érigé le **Mur de Berlin**, qui traversait la ville de part en part, séparant l'Est de l'Ouest. Surveillé par des gardes armés et rehaussé de barbelés, il symbolisait la **guerre froide**, alors que l'Allemagne était divisée entre RFA et RDA. Le Mur a été abattu en 1989, et Berlin est de nouveau la capitale d'une Allemagne unifiée.

La **France** continentale est le plus vaste pays du nord-ouest de l'Europe : **551 500 km²**

BASSES TERRES

Situés dans la partie basse du delta du Rhin, la Belgique, les Pays-Bas et le Luxembourg sont considérés comme formant un tout d'un point de vue géographique.

Qu'il pleuve, qu'il vente, sous le soleil ou dans la boue, les Anglais adorent les festivals de musique en plein air comme celui de **Glastonbury**. Depuis les années 1960, la Grande-Bretagne est le berceau de la pop et de la mode.

100% NORD-OUEST DE L'EUROPE

"SALUT !" EN IRLANDAIS :
"Dia dhuit !"

CAPITALE MONDIALE DE LA MODE :
Paris

PAYS DE LA VALSE :
Vienne, capitale de l'Autriche, accueille plus de 200 bals par an, dont beaucoup au Palais impérial (Hofburg)

CURIEUX PASSE-TEMPS :
La traditionnelle course au fromage de Gloucestershire, Angleterre

REPAIRE DE SORCIÈRES :
Le massif du Harz, en Allemagne, fait l'objet de nombreux mythes et contes de fées

COURSE DE FORMULE 1 :
Le Grand Prix de Monaco a lieu sur un parcours urbain à Monte-Carlo

NOM DU VILLAGE LE PLUS LONG :
Llanfairpwllgwyngyllgogerychwyrndrobwllllantysiliogogogoch au pays de Galles

MEILLEURES FRIANDISES :
Chocolats belges ou chocolats suisses ?

Le système de santé publique britannique emploie plus de **1,7 million** de personnes.

Les Pays-Bas cultivent et exportent **3 milliards** de bulbes de tulipe par an.

Le Luxembourg est un petit pays, mais c'est l'un des plus prospères du monde (son PIB est l'un des plus élevés).

Sports inventés dans le nord-ouest de l'Europe

- **Golf** (Écosse)
- **Curling** (Écosse)
- **Cricket** (Angleterre)
- **Rugby** (Angleterre)
- **Foot** (Angleterre)
- **Snooker** (Angleterre)
- **Hurling** (Irlande)
- **Foot gaélique** (Irlande)
- **Tennis** (France)
- **Pétanque** (France)

Environ **27%** du territoire des **Pays-Bas** se trouve sous le niveau de la mer.

L'**Allemagne** a produit **5,4 millions** de voitures en 2013.

SUD-OUEST DE L'EUROPE

ANDORRE - ESPAGNE - ÎLES BALÉARES - GIBRALTAR - PORTUGAL

Au sud du golfe de Gascogne, la péninsule Ibérique, divisée entre l'Espagne et le Portugal, s'avance dans l'océan Atlantique. Elle est séparée de la France par la haute chaîne des Pyrénées, où l'on vient découvrir la principauté d'Andorre. La Meseta, région de plateaux au centre de l'Espagne, est encadrée de montagnes.

Hormis sur la côte nord-ouest, verdoyante car arrosée par les pluies venues de l'Atlantique, l'Espagne affiche un climat chaud et sec, en particulier en été. On y trouve des villages de maisons chaulées, des orangers et des citronniers, des champs de tournesols et d'oliviers. L'Espagne abrite des châteaux médiévaux et de belles cathédrales tandis que l'Andalousie, au sud, s'enorgueillit de palais et de fontaines maures. Capitale du pays, Madrid est aussi la plus grande ville.

À la pointe sud de l'Espagne, Gibraltar est un territoire britannique à 14 km seulement des côtes africaines. Outre pour sa capitale, la somptueuse cité portuaire de Lisbonne, le Portugal est réputé pour ses vallées fluviales, ses forêts de chênes-lièges, ses villages de pêcheurs et ses plages prisées pour le surf.

CUEILLETTE D'ORANGES, ESPAGNE

VISION DU FUTUR

Est-ce un navire ou un château ? Pas du tout : un fantastique musée d'art moderne fait de pierre, de verre et de titane. Le musée Guggenheim se trouve à Bilbao, au Pays basque espagnol.

BATAILLE DE TOMATES À BUÑOL, PRÈS DE VALENCE, EN ESPAGNE

LE MONUMENT DES DÉCOUVERTES, LISBONNE, PORTUGAL

ART RUPESTRE

À Altamira, dans le nord de l'Espagne, se trouvent de sublimes peintures rupestres d'animaux et de chasseurs, vieilles de 13 000 à 17 000 ans mais qui semblent dater d'hier.

RECORDS À BATTRE

Le Tage, plus long fleuve de la péninsule Ibérique, s'étire sur **1 083 km** en Espagne et au Portugal • Le volcan Pico del Teide, sur l'île de Tenerife, aux Canaries, est le plus haut sommet espagnol à **3 718 m** d'altitude • Le golfe de Gascogne est réputé pour ses violentes tempêtes en hiver • La population du grand Madrid avoisine les **6,5 millions** d'habitants – un record pour le sud-ouest de l'Europe.

QUI SONT-ILS ?

La péninsule Ibérique rassemble des peuples aux cultures diverses, dont certains ont leur propre langue. Ainsi, les **Catalans** sont présents dans le nord-est de l'Espagne, du côté de Barcelone, ainsi qu'en Andorre et jusqu'en France. Quant aux **Basques**, leur capitale est Vitoria-Gasteiz et leur langue semble distincte de toutes les autres langues européennes. La langue que l'on appelle espagnol est le castillan parlé à Madrid.

Avec une superficie de **505 370 km^2**, l'**Espagne** a quasi la même superficie que la France

En Espagne, la **petite souris** qui passe quand un enfant perd une dent s'appelle Ratoncito Pérez !

VIVE LA FÊTE !

L'Espagne est réputée pour ses innombrables fêtes, processions, défilés, parades à cheval, danses en costume et autres reconstitutions historiques. Souvent spectaculaires, ces célébrations s'appuient sur des traditions historiques, religieuses ou régionales.

Le **flamenco** est une forme de danse et de chant indissociable de l'**Andalousie.** Les artistes tapent des pieds, claquent des doigts ou frappent dans leurs mains. OLÉ !

100% SUD-OUEST DE L'EUROPE

Les pêcheurs **portugais** pêchent plus de sardines que tout autre poisson. Des sardines grillées ? **Sim por favor !** ("Oui, s'il vous plaît !")

Célèbre palais maure, l'**Alhambra**, à **Grenade**, en **Espagne**, est orné d'azulejos, des carreaux de faïence colorés.

DESTINATION TOURISTIQUE :
Environ 53 millions de visiteurs se rendent en Espagne chaque année

"SALUT !" EN EUSKARA (LANGUE BASQUE) :
"Kaixo !"

PETIT-DÉJEUNER GOURMAND :
Churros (beignets espagnols) plongés dans un chocolat chaud

DRÔLE DE LANGUE :
Le Silbo Gomero est une langue de l'île de Gomera, dans l'archipel des Canaries, composée uniquement de sifflements

LE PONT LE PLUS LONG D'EUROPE :
Pont Vasco de Gama, Lisbonne, Portugal (17,2 km)

L'ÉQUIPE DE FOOT LA PLUS CÉLÈBRE :
Real Madrid (228 millions de supporters dans le monde)

SALUT EN ESPAGNOL :
Hola

GROS CHAT D'EUROPE :
Le rare lynx ibérique

L'été, lorsque le pays est écrasé par le soleil de midi, les **Espagnols** cessent leurs activités pour la traditionnelle **SIESTA** (sieste). Le travail reprend quelques heures plus tard.

L'**Espagne** représente plus de **41%** de la production mondiale d'**huile d'olive**.

À **Buñol**, dans la région de Valence, a lieu en août une bataille géante pendant laquelle les participants se lancent **150 000 tomates** impropres à la consommation les uns sur les autres.

Le Portugal est réputé pour ses vins, ses fruits et son poisson.

On doit au **Portugal** et à l'**Espagne** plus de **90%** des bouchons de liège du monde.

Sud-est de l'Europe

Albanie - Bosnie-Herzégovine - Croatie - Chypre - Grèce - Italie - Kosovo - Macédoine - Malte - Monténégro - Saint-Marin - Serbie - Slovénie - Vatican

Les Dolomites dans le nord de l'Italie

La célèbre botte italienne s'étire des Alpes à la Sicile et est parcourue du nord au sud par la chaîne des Apennins. Grâce à son fleuve, la plaine du Pô est particulièrement fertile, tandis que Venise est construite au milieu d'une lagune. Du Colisée de Rome à Pompéi, les ruines romaines constituent l'une des principales curiosités du pays. La petite île de Malte, au sud de la Sicile, se trouve à 284 km des côtes africaines.

Comme l'Italie, la péninsule des Balkans s'avance dans la mer Méditerranée. Au nord, on trouve des forêts, des grottes calcaires, des vergers, des champs de maïs et de tournesols, ainsi que les plages de la côte Adriatique. Plusieurs des pays balkaniques formaient autrefois la Yougoslavie, avant son éclatement au début des années 1990. L'Albanie, territoire montagneux au nord de la Grèce, est le pays le plus pauvre de la région.

La péninsule des Balkans s'achève avec les montagnes, les plaines et le littoral accidenté de la Grèce, dont les vestiges nous rappellent que la civilisation grecque est le berceau de la culture européenne. Les îles grecques, qui s'égrènent dans des eaux d'un bleu étincelant, attirent de nombreux visiteurs, notamment en Crète, la plus vaste de toutes.

Pont de Mostar en Bosnie-Herzégovine

DELPHES ANTIQUE
Il y a environ 2 400 ans, les Grecs se rendaient sur le mont Parnasse, à Delphes, pour écouter les oracles de la Pythie.

La tour penchée de Pise, en Italie

BUON APPETITO !

Tu vas te régaler ! L'Italie est la patrie des pizzas (originaires de Naples), des pâtes – sous toutes les formes, des papillons (*farfalle*) aux soucoupes volantes (*dischi volanti*) – mais aussi des glaces (*gelati*).

SCULPTURE ÉTRUSQUE, Ve SIÈCLE AV. J.-C., ITALIE

RECORDS À BATTRE

L'Empire romain connut son apogée en **117 av. J.-C.**, lorsqu'il couvrait **5 millions de km²** • Le Vatican, siège de l'Église catholique romaine, est le plus petit État au monde, avec tout juste **44 ha** au cœur de Rome • En Grèce, le mont Olympe, considéré dans l'Antiquité comme la patrie des dieux, s'élève à **2 918 m** d'altitude.

QUI SONT-ILS ?

La langue italienne trouve son origine dans le latin de la Rome antique. Le maltais a subi l'influence de l'arabe. Aujourd'hui, l'Italie et Malte sont deux pays **catholiques**. Dans les Balkans sont parlées des langues slaves. Les habitants sont pour la plupart chrétiens, mais certains sont musulmans, comme les **Bosniaques** ou de nombreux Albanais. Des **communautés rom** sont présentes un peu partout dans la région. Les Grecs ont un alphabet différent du nôtre et beaucoup sont des chrétiens orthodoxes.

L'**Italie** est le plus vaste pays de la région avec **301 340 km²**

Dans la belle cité de **Sienne**, en Toscane (Italie), les représentants des différents quartiers s'affrontent lors du **Palio**, une course à cheval épique qui a lieu au cœur de la ville, sur la **Piazza del Campo**.

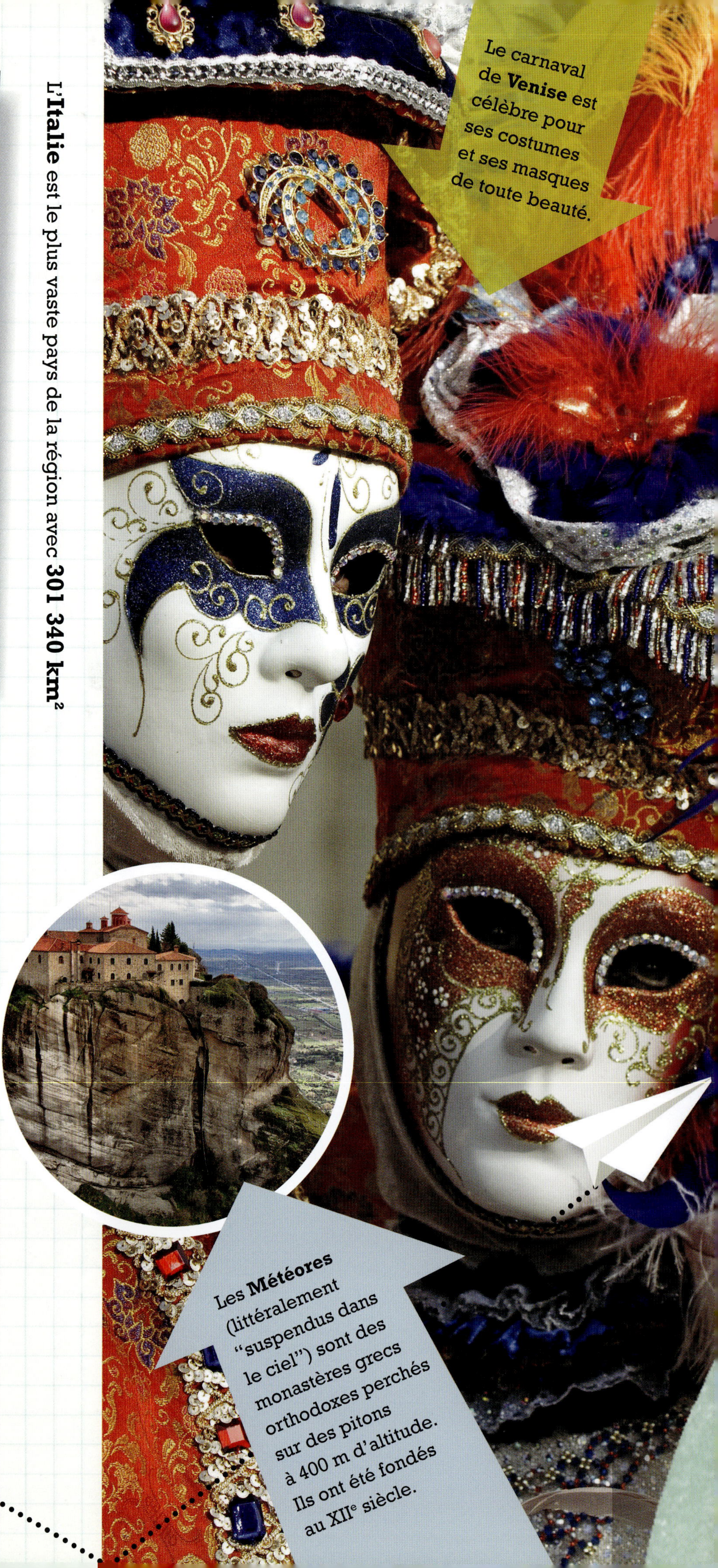

Le carnaval de **Venise** est célèbre pour ses costumes et ses masques de toute beauté.

Les **Météores** (littéralement "suspendus dans le ciel") sont des monastères grecs orthodoxes perchés sur des pitons à 400 m d'altitude. Ils ont été fondés au XIIe siècle.

ÉCOLES ALBANAISES

En Albanie, de nombreux habitants sont des cultivateurs pauvres. Le pays tente d'améliorer ses écoles, avec l'aide des Nations unies qui ont mis en place un programme de réparation des établissements et de création de bibliothèques et de laboratoires.

100% SUD-EST DE L'EUROPE

"SALUT !" EN ITALIEN :
"Ciao !"

LE PLUS GRAND LAC DES BALKANS :
Skadar (ou Shkodër), entre l'Albanie et le Monténégro, 370 à 530 km² de superficie selon la période

LA PLUS VIEILLE RÉPUBLIQUE :
Saint-Marin (fondé en l'an 301)

BIG BANG :
L'Etna, en Sicile, est le plus haut volcan actif d'Europe

"MERCI" EN GREC :
ευχαριστώ (prononcer "effaristo")

TRÉSORS PRÉHISTORIQUES DE MALTE :
Temples mégalithiques (env. 3600-3200 av. J.-C.)

JEUX OLYMPIQUES :
Les premiers ont eu lieu à Olympie en 776 av. J.-C.

EN-CAS GREC :
Koulouri (pain au sésame en forme d'anneau)

FERRIES VERS LES ÎLES :
Le port du Pirée, en Grèce, accueille 20 millions de passagers par an

De ses montagnes à ses côtes accidentées, l'Italie abrite plus de **57 000 espèces animales**, soit un tiers de la faune européenne. On y trouve notamment des loups, des ours bruns, des sangliers et la minuscule musaraigne étrusque qui ne pèse que **1,8 g**.

Le **Colisée**, achevé à Rome en l'an **80**, pouvait accueillir **80 000** spectateurs venus notamment assister à des combats de gladiateurs.

La Grèce exporte des yaourts, des fromages, des olives et de l'huile d'olive, du miel et des melons.

Le **Kosovo** possède la population la plus jeune d'Europe : plus de la moitié a **moins de 25 ans**.

L'**Italie** est réputée pour ses voitures de course : Ferrari, Lamborghini, Alfa Romeo, Maserati…

Europe centrale

Bulgarie - Hongrie - Pologne - République tchèque - Roumanie - Slovaquie

Bordée au nord par la mer Baltique, sur laquelle se tient le port de Gdańsk, la Pologne est un pays de plaines et de plateaux. Elle est traversée par deux longs fleuves : l'Oder et la Vistule. Au centre du pays, Varsovie est aujourd'hui une capitale dynamique. La frontière sud est délimitée par les massifs montagneux des Sudètes et des Carpates (Tatras). Les étés polonais se révèlent plutôt chauds, mais la température tombe très bas en hiver. Le pays est resté agricole et il est réputé pour ses lacs et ses forêts.

La République tchèque et la Slovaquie comptent de belles montagnes et forêts en plus de régions industrielles et minières. Les visiteurs se rendent en nombre à Prague, la majestueuse capitale tchèque. Budapest, capitale hongroise sur les rives du Danube, est une autre destination de choix. La Hongrie est une terre de plaines herbeuses (la steppe hongroise), de forêts et de montagnes encore très agricole.

La Roumanie s'étire au nord du Danube ; son relief s'élève à partir des plaines aux abords de Bucarest jusqu'à la chaîne des Carpates, en forme de fer à cheval. La Bulgarie, au sud du Danube, occupe le nord-est de la péninsule des Balkans, et est bordée par la Grèce, la Turquie et la mer Noire.

Artiste de rue sur le pont Charles, Prague, République tchèque

PRAGUE L'ÉLÉGANTE
Depuis plus d'un millénaire, Prague est un haut lieu de la vie artistique, culturelle et politique en Europe centrale.

Pélicans sur le delta du Danube

MONASTÈRE DE BÂRSANA, ROUMANIE

CENTRE-VILLE DE VARSOVIE, POLOGNE

RECORDS À BATTRE

Le lac Balaton en Hongrie est le plus vaste d'Europe centrale **(592 km²)** • La Pologne compte 23 parcs nationaux, **1 269** réserves naturelles et **100** réserves ornithologiques • La Palais du Parlement à Bucarest, en Roumanie, est le plus grand édifice public au monde. D'une superficie de **340 000 m²**, il compte **1 100** salles, **12** étages, **4** sous-sols et **4** autres en construction • C'est en Bulgarie qu'ont été découverts les plus anciens bijoux en or du monde, vieux de **6 000 ans**.

VERRE SOUFFLÉ

Il faut un sacré souffle pour fabriquer du verre à la manière d'autrefois. La Bohême, en République tchèque, est réputée depuis le Moyen Âge pour son cristal d'une grande clarté, aux superbes gravures.

? QUI SUIS-JE ?

De couleur tantôt bleue, marron, argentée ou verte, je sinue de l'Allemagne à la mer Noire en passant par l'Europe centrale.

RÉPONSE : le Danube

QUI SONT-ILS ?

Catholique, protestante, musulmane, juive, orthodoxe : presque toutes les religions sont représentées ici. Bien que chaque pays ait sa langue, les **Polonais,** les **Tchèques,** les **Slovaques** et les **Bulgares** sont tous **slaves**. Les **Hongrois**, également appelés Magyars, constituent un groupe ethnique distinct, tout comme les **Roumains**, dont la langue s'inspire du latin classique. Mais on rencontre aussi plusieurs autres peuples, dont les **Roms**, à ne pas confondre avec les Roumains.

Avec une superficie de **312 685 km²**, la **Pologne** est le plus grand pays d'Europe centrale

La basilique Saint-Étienne de Pest, à Budapest, décorée pour Noël.

En avant pour la **polka** ! Cette danse populaire d'**Europe centrale** qui a envahi les salles de bal au XIXe siècle est toujours appréciée.

Le nom de **polonium** a été choisi pour cet élément atomique en hommage à la scientifique française Marie Curie, née en Pologne et qui l'a découvert en 1898.

RECETTE D'HIVER !

En Hongrie, le plat national est le goulash ou *gulyásleves* (soupe du berger), que l'on retrouve un peu partout en Europe centrale. Il s'agit d'un ragoût de bœuf relevé à l'aide de paprika, d'ail et de fines herbes, auquel on ajoute parfois des légumes ou des pommes de terre.

100% EUROPE CENTRALE

"SALUT !" EN TCHÈQUE :
"Ahoj !"

HAUT SOMMET :
Le point culminant de la Slovaquie est le mont Gerlach, dans les Tatras (2 655 m)

CUEILLETTE DES BOIS :
À l'automne, les habitants d'Europe centrale partent à la cueillette des champignons

SENTEUR DE ROSE :
La Bulgarie produit 70% de l'huile de rose utilisée à travers le monde pour fabriquer des parfums

SOURCES THERMALES :
La Hongrie possède plus d'un millier de sources naturelles

DU POISSON POUR NOËL :
En République tchèque, on sert de la carpe au réveillon de Noël

ÉGLISE DE SEL :
Dans la mine de sel de Wieliczka, en Pologne, on peut admirer une chapelle souterraine sculptée dans le sel

Le dernier jeudi avant le carême, les **Polonais** se régalent de *paczki,* des beignets frits qui envahissent la ville.

Les usines slovaques fabriquent notamment des voitures, des télévisions et des écrans d'ordinateur.

La Mazurie, dans le **nord-est de la Pologne**, compte plus de **2 000 lacs**, reliés par un réseau de canaux et de rivières. On vient y naviguer et y nager en été.

Le roman **Dracula** (1897) de Bram Stoker évoque un **vampire** de Transylvanie et s'inspire certainement de la vie d'un prince de Roumanie du XVᵉ siècle appelé **Vlad l'Empaleur**.

La **Hongrie** est réputée pour ses **chevaux** et ses **cavaliers intrépides**.

Est de l'Europe

Biélorussie - Moldavie - Ukraine

Te voilà aux portes de la grande Russie ! Les trains vers Moscou au départ de Berlin ou de Varsovie passent par Minsk, ville industrielle et capitale de la Biélorussie. Ce petit pays présente des paysages de forêts, de marais et de lacs.

Au sud s'étend l'Ukraine, dont la capitale, Kiev, a le regard tourné vers le Dniepr et compte plus de 3 millions d'habitants. Au sud de Kiev, les steppes sont réputées pour leur sol noir appelé "chernozem", idéal pour la culture du blé. La région est d'ailleurs l'un des principaux producteurs mondiaux de blé. Bordé par la mer Noire, le sud de l'Ukraine, du côté du port d'Odessa, affiche des températures clémentes. À l'ouest du pays, le long du Dnieser, se blottit la Moldavie, petit pays dont la capitale est Chişinău (ou Kichinev).

Ces trois pays, qui appartenaient autrefois à l'Empire russe puis à l'Union soviétique, ont obtenu leur indépendance dans les années 1990. Certains habitants veulent préserver des liens étroits avec la Russie, tandis que d'autres aimeraient rejoindre l'Europe centrale et occidentale, des ambitions qui ne sont pas sans provoquer d'importants remous politiques.

La forteresse de Khotyn au bord du Dniestr, en Ukraine

Monastère Saint-Michel-au-Dôme-d'Or, Kiev

Moisson dans les steppes

MÉMORIAL DE LA SECONDE GUERRE MONDIALE, MINSK, BIÉLORUSSIE

PLAGE DE GALETS DE LA MER NOIRE

UN SANCTUAIRE POUR LES BISONS

À la frontière de la Biélorussie et de la Pologne, la forêt primaire de Białowieża abrite une réserve où évolue notamment le très rare bison d'Europe.

RECORDS À BATTRE

Le Dniepr traverse la Russie, la Biélorussie et l'Ukraine sur son parcours de **2 145 km** jusqu'à la mer Noire • Les steppes d'Eurasie s'étirent de la Moldavie à la Sibérie en passant par l'Ukraine et l'Asie centrale • Dans les steppes, on trouve des hamsters et des écureuils terrestres • La Moldavie est le plus petit et le plus pauvre des pays de l'est de l'Europe • La forêt recouvre **40%** du territoire biélorusse.

LORIOT D'EUROPE, MOLDAVIE

? QUI SUIS-JE ?

Plus gros rongeur d'Europe, je possède une queue large et plate. Je construis des barrages et canaux sur les lacs et rivières.

RÉPONSE : le castor d'Europe

QUI SONT-ILS ?

L'est de l'Europe est la terre d'origine des **peuples slaves**, qui composent la grande majorité de la population actuelle. Parmi ceux-ci figurent les **Biélorusses**, les **Russes**, les **Ukrainiens** et les **Polonais**. On trouve quelques **Tartares**, d'origine turque, en Ukraine. La Moldavie abrite aussi des **Roumains** et des **Roms**. La plupart des habitants sont soit chrétiens orthodoxes, soit catholiques, soit protestants.

Le **Dniepr** est le quatrième fleuve d'Europe, avec **2 290 km** de long

Odessa est une important base navale, un terminal pétrolier et un port maritime. C'est aussi le lieu de **vacances** de nombreux Ukrainiens, Russes et d'habitants de l'est de l'Europe, qui passent leurs journées à se dorer sur les plages ou à naviguer sur la mer Noire.

AU MARCHÉ

On trouve presque tout ce que l'on veut sur les étals des marchés à l'est de l'Europe : pièces détachées automobiles, lunettes de soleil, montres, imitations de vêtements de luxe, ainsi que, bien sûr, les denrées alimentaires habituelles. Sache qu'ici, on a pour habitude de marchander les prix.

"Poupées russes" ou **matriochkas**, à Odessa, en Ukraine. Plus il y a de poupées emboîtées, plus elles sont chères. Certaines matriochkas non artisanales en contiennent jusqu'à 20 !

Emblème de la **Minsk** moderne, ce bâtiment abrite la bibliothèque nationale de Biélorussie.

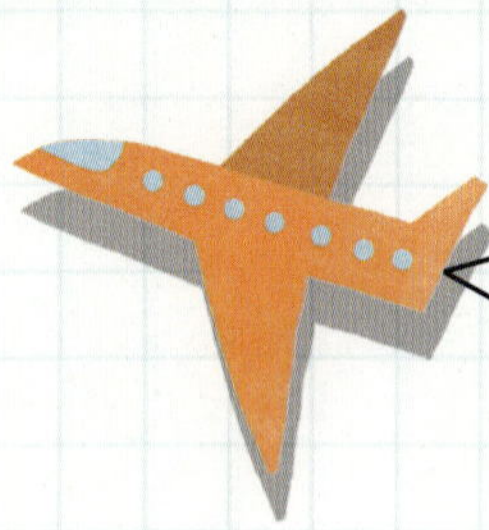

100% EST DE L'EUROPE

SOUPE DU JOUR :
Bortsch (soupe de betterave)

SPORT FAVORI :
En Moldavie, le sport national est la *trinta*, une forme de lutte traditionnelle

PALET SUR GLACE :
Le hockey sur glace est le sport le plus apprécié en Biélorussie

VILLE ABANDONNÉE :
La ville de Pripiat, en Ukraine, est interdite d'accès depuis la catastrophe nucléaire de Tchernobyl en 1986

EN SOUS-SOL :
Arsenalna, à Kiev, est une station de métro située à une profondeur record de 106 m

LA CIGOGNE NOIRE :
L'oiseau emblématique de la Moldavie

CURIEUX BREUVAGE :
Les Biélorusses apprécient de boire de la sève de bouleau

La **Moldavie** est l'un des trois pays dont le **drapeau** présente deux faces différentes (les autres étant le Paraguay et l'Arabie saoudite.)

À **Pâques**, les **Ukrainiens** recourent à de la cire et à des teintures pour préparer leurs œufs aux motifs élaborés. Il existe un musée de l'**Œuf de Pâques** à Kolomyia (ou Kolomyya), aménagé en partie au sein d'un œuf géant !

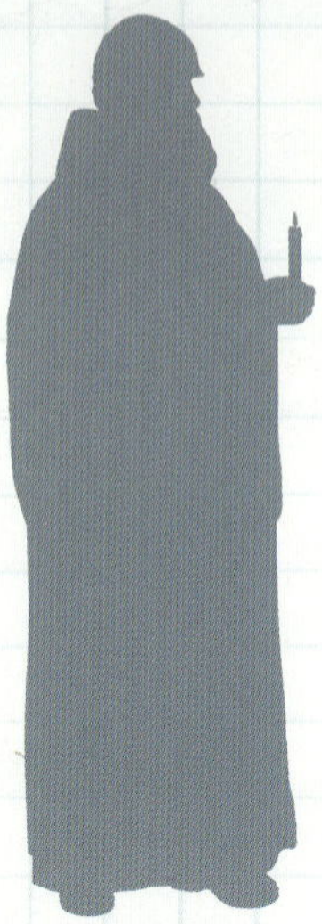

Au XIIIe siècle, des **moines moldaves** firent creuser un somptueux monastère troglodyte à Orheiul Vechi.

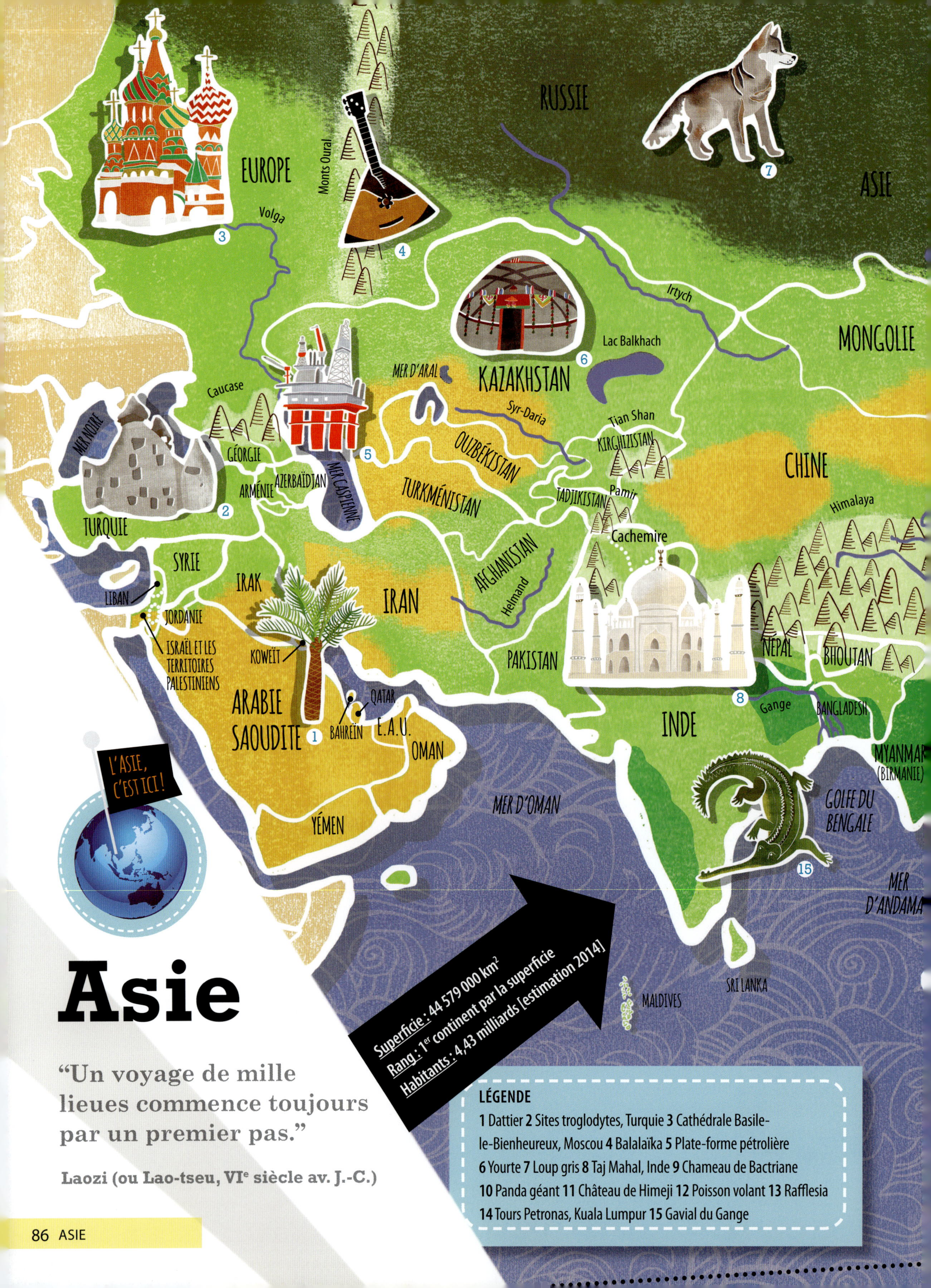

Asie

“Un voyage de mille lieues commence toujours par un premier pas.”

Laozi (ou Lao-tseu, VIe siècle av. J.-C.)

__Superficie :__ 44 579 000 km²
__Rang :__ 1er continent par la superficie
__Habitants :__ 4,43 milliards [estimation 2014]

LÉGENDE

1 Dattier **2** Sites troglodytes, Turquie **3** Cathédrale Basile-le-Bienheureux, Moscou **4** Balalaïka **5** Plate-forme pétrolière **6** Yourte **7** Loup gris **8** Taj Mahal, Inde **9** Chameau de Bactriane **10** Panda géant **11** Château de Himeji **12** Poisson volant **13** Rafflesia **14** Tours Petronas, Kuala Lumpur **15** Gavial du Gange

Voici le plus vaste continent de la planète, celui de tous les records. Ses habitants y sont les plus nombreux et l'on y parle 2 322 langues différentes. Il s'étend de l'océan Arctique jusqu'au-delà de l'équateur. Le continent est délimité à sa pointe occidentale par la mer Méditerranée et, à l'est, par le détroit de Béring, à 82 km de l'Alaska. En fait, il fait partie d'un supercontinent : l'Eurasie, dont L'Europe occupe la partie ouest, au-delà de l'Oural.

L'Asie abrite aussi bien des paysages gelés de toundra, d'épaisses forêts d'épicéas et de bouleaux, que des terres arables et des plaines, des steppes et les plus hauts sommets du monde. On y trouve des déserts brûlants ou glaciaux, des forêts tropicales, des estuaires inondés. Ses rives orientales correspondent aux bords de l'océan Pacifique, une zone de séismes et de volcans appelée la Ceinture de feu.

Sur tout le continent, on constate de fortes disparités dans les modes de vie, notamment entre villes et campagnes. Les écarts de richesse sont de plus en plus flagrants.

Cinq pays appartiennent à la fois à l'Europe et à l'Asie : la Russie, la Turquie, l'Azerbaïdjan, la Géorgie et le Kazakhstan. Ils figurent dans ce chapitre.

SUBLIME ASIE

Édifié sur une colline non loin de Katmandou, au Népal, le temple bouddhique de Swayambunath est apprécié des singes qui escaladent ses façades. Des drapeaux colorés flottent dans le vent. Au-dessus de son dôme, les yeux du Bouddha regardent dans les quatre directions. Si un oiseau s'envolait du temple vers le nord, il franchirait l'Himalaya, traverserait le plateau tibétain puis les vastes étendues de la Sibérie. Vers le sud, il survolerait le Gange et les plaines arides de l'Inde. Vers l'est, il suivrait peut-être le cours sinueux du Yangzi Jiang jusqu'à la mer de Chine orientale. Et, vers l'ouest, il rejoindrait la vallée du fleuve Indus et, au-delà, les déserts du Moyen-Orient.

RUB AL-KHALI (LE "QUART VIDE"), ARABIE SAOUDITE

ÎLE PHI PHI LEH, THAÏLANDE

Plus haut sommet du Japon et volcan actif, le **mont Fuji** (ou Fuji-Yama) s'élève à **3 776 m** d'altitude

CALAO BICORNE

Géographie XXL

Le plus long fleuve d'Asie, le Yangzi Jiang (Chine), s'étire sur **6 300 km** – c'est le troisième au monde • Le plus vaste désert est le Gobi, qui couvre une superficie de **1,3 milliard de km²** en Mongolie et en Chine • Bornéo, île la plus vaste du continent, s'étend sur **748 168 km²**.

STATUE DU BOUDDHA

Berceau des religions

Certains des principaux cultes puisent leurs origines en Asie : bahaïsme, bouddhisme, christianisme, confucianisme, hindouisme, islam, jaïnisme, judaïsme, shintoïsme, sikhisme, taoïsme.

Le top 10 de l'Asie

Kebab
Brochette à l'agneau, Turquie

Jérusalem
Lieu saint de trois religions

Tokyo
Plus grande mégalopole du monde

Combat de sumos, Japon
Lutteurs version poids lourds

Macao
L'un des lieux les plus peuplés de la planète

Persépolis, Iran, 515 av. J.-C.
Vestiges

Burj Khalifa, Dubaï, E.A.U.
Plus haut gratte-ciel du monde

Tigre
Majestueux félin

Ceinture du Pacifique
Volcans actifs d'Indonésie

Rafflesia
Plus grosse fleur au monde (et malodorante)

Célébrités asiatiques

Le **Mahatma Gandhi** (à g.) (1869-1948) fut un ardent défenseur des libertés et partisan de la non-violence. **Ban Ki-moon** (né en 1944 en Corée du Sud) est le secrétaire général des Nations unies depuis 2007. La Chinoise **Liu Yang** (née en 1978) devint la première femme astronaute en 2012. L'Indien **Sachin Tendulkar** (à d.) (né en 1973) est l'un des plus grands joueurs de cricket de tous les temps.

Cathédrale du Saint-Sauveur-sur-le-Sang-Versé, Saint-Pétersbourg

Russie et pays voisins

Arménie - Azerbaïdjan - Géorgie - Russie

Quand le soleil se lève sur la côte Pacifique russe, il se couche sur sa frontière ouest. Saint-Pétersbourg, dans le golfe de Finlande, est une ville très européenne. La capitale, Moscou, s'articule autour de la place Rouge et de l'ancienne forteresse du Kremlin et constitue le cœur actif du pays. La Sibérie renferme une grande partie du gaz naturel et des minerais auxquels la Russie doit sa richesse.

En partant de la gare de Iaroslavsky, à Moscou, par le Transsibérien, tu franchiras les monts Oural pour rejoindre l'Asie. Il te faudra une semaine pour traverser ces terres infinies, où tu apercevras d'immenses forêts, de petites bourgades, des cités industrielles, des lacs et des rivières gelés. Le train pourra te conduire jusqu'à Vladivostok ou bifurquer vers le sud, en direction de la Mongolie et de la Chine.

En 1991, l'Union soviétique (comme s'appelait alors la Russie) a disparu : de nombreuses républiques ont obtenu leur indépendance. Tu en vois trois sur la carte ci-dessus, au sud du Caucase : la Géorgie jouxte la mer Noire, le pétrolifère Azerbaïdjan se tient au bord de la mer Caspienne, et l'Arménie est coincée entre cette dernière et la Turquie.

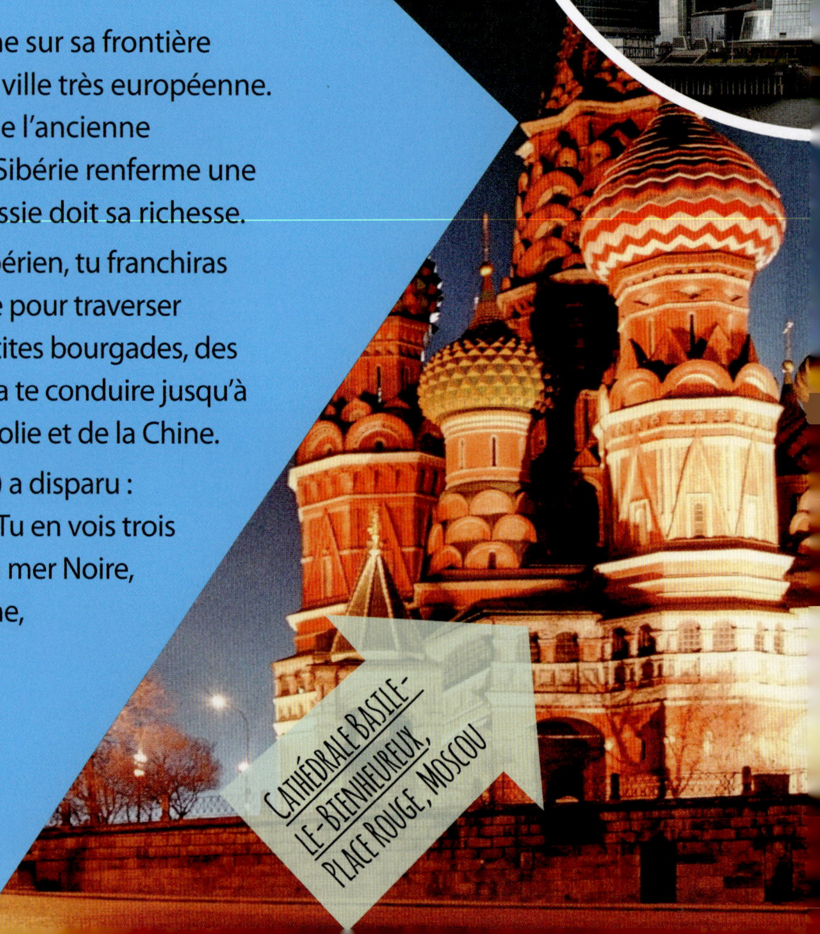

Cathédrale Basile-le-Bienheureux, place Rouge, Moscou

MOSKVA-CITY, LE QUARTIER DES AFFAIRES DE MOSCOU

BRISE-GLACE OUVRANT LA VOIE VERS LES PORTS DE L'ARCTIQUE

Regarde comme la Russie est immense ! Le plus grand pays au monde représente un huitième de la surface de la Terre. Vers le nord, il s'étend jusqu'au cercle polaire.

TERRES DE RECORDS

Avec une superficie de plus de **9,6 millions de km²**, la Sibérie représente environ les trois quarts du territoire russe • Erevan, capitale de l'Arménie, a été fondée en **782 av. J.-C.** • La grotte d'Azikh, la plus grande d'Azerbaïdjan, correspondrait à la plus ancienne implantation humaine d'Europe et elle serait vieille de **500 000 à 700 000** ans.

TCHOU-TCHOU !

La ligne de chemin de fer du Transsibérien se déploie sur plus de 9 000 km de Moscou à la mer du Japon. Elle traverse deux continents et franchit pas moins de huit fuseaux horaires. Elle relie Moscou à Vladivostok – des lignes secondaires bifurquent vers Oulan-Bator et Pékin.

QUI SUIS-JE ?

Je suis gros, marron et couvert de fourrure. Je suis l'emblème de la Russie.

RÉPONSE : l'ours brun d'Europe

QUI SONT-ILS ?

En Russie, 8 habitants sur 10 sont des **Slaves**. La langue principale est le russe, qui s'écrit en alphabet cyrillique. La Russie est une fédération de régions et de peuples qui comprennent d'autres Slaves, des populations autochtones de Sibérie et d'Arctique, des groupes turcs comme les **Tatars**, les **Bachkirs et les Tchouvaches**. Environ 40% des Russes suivent le culte orthodoxe, tandis que 7% sont musulmans. **Ukrainiens** et **Biélorusses** sont aussi des Slaves. Au sud de la Russie, au-delà du Caucase se trouvent, entre autres, les territoires des **Géorgiens**, des **Azéris** et des **Arméniens**.

Les communautés **cosaques**, du sud de la Russie et de l'Ukraine, sont réputées pour leurs danses spectaculaires.

CLOCHE DE RENTRÉE

En Russie, le 1er septembre est le premier jour de l'automne et celui de la rentrée scolaire, appelé le "Jour du savoir". Les élèves, bien habillés, offrent des fleurs à leur nouveau professeur. Un élève de première année est transporté à travers l'école, avec une cloche pour sonner la première rentrée de l'année.

À cheval sur l'Europe et l'Asie, la **Russie** est le plus vaste pays au monde avec **17 098 246 km²** (31 fois la France !)

Un grand nombre de **danseurs étoiles** viennent de Russie.

100 % Russie et pays voisins

Le musée de l'Ermitage, à Saint-Pétersbourg, abrite plus de **3 millions** d'œuvres d'art.

ÉCHECS :
La Russie a donné naissance à de nombreux champions d'échecs

NUITS BLANCHES :
La deuxième quinzaine de juin, le soleil ne se couche pas à Saint-Pétersbourg, et les Pétersbourgeois non plus !

RARE CHAT À TACHES :
Le magnifique léopard des neiges (ou once)

FÊTE DE PRINTEMPS EN RUSSIE :
Maslenitsa : blinis, traîneaux et feux d'artifice

PLUS HAUT SOMMET RUSSE :
Mont Elbrous (5 642 m)

PLUS GRANDE MER FERMÉE DU MONDE :
Mer Caspienne (371 000 km^2)

PLUS VIEIL ÉTAT CHRÉTIEN
Arménie (depuis l'an 301)

De 1885 à 1917, le joaillier russe **Carl Fabergé** a fabriqué 54 œufs de Pâques pour la famille impériale russe. Ces bibelots valent aujourd'hui des **fortunes** !

En 2012, un **mammouth laineux vieux de 39 000 ans** a été retrouvé gelé dans le sol de Sibérie.

Le fleuve **Ienisseï**, son affluent l'**Angara** et son sous-affluent la **Selenga** forment un réseau fluvial de **5 539 km**. Des courses de chevaux ont lieu sur ses eaux glacées en hiver.

Les combustibles minéraux, comme le pétrole, représentent 60% des exportations de la Russie, qui exporte aussi fer, acier et métaux précieux.

Aimerais-tu vivre sur le plateau de l'Oïmiakon en Sibérie ? On y a enregistré au cœur de l'hiver la température record de **-67,7°C.** Mais, en été, le thermomètre peut grimper jusqu'à **34,6°C** !

Le **lac Baïkal** affiche la profondeur record de **1 642 m** et contient environ **20%** de l'eau douce liquide du monde. Il est vieux de **25 millions d'années** !

Asie centrale

Afghanistan - Kazakhstan - Kirghizistan - Ouzbékistan - Tadjikistan - Turkménistan

L'Asie centrale se trouve au carrefour du continent, là où passait il y a bien longtemps la route de la Soie. La région est bordée au nord par l'Irtych, fleuve au-delà duquel s'étend la Sibérie. À l'est, les chaînes du Pamir et du Tian Shan forment une frontière naturelle avec la Chine. À l'ouest se situent la mer Caspienne et l'Iran. Les bus et les camions afghans effectuent la descente abrupte dans les gorges de la Kaboul avant de partir vers le sud pour le col de Khyber et le Pakistan.

Cette terre de steppes, de déserts et de hauts plateaux est parcourue par les camions, les chevaux et les chameaux. Dans cet environnement rude alternent froid mordant et chaleur brûlante.

La région est gorgée de pétrole et de minéraux, mais beaucoup d'habitants d'Ouzbékistan ou du Kazakhstan, qui récoltent le coton pour de faibles salaires, ont du mal à s'en sortir. La vie est encore plus dure en Afghanistan, qui a connu de nombreux conflits.

Tous ces pays sauf l'Afghanistan appartenaient autrefois à l'Union soviétique mais ont obtenu leur indépendance en 1991.

Tadjiks lors d'une partie de bouzkachi

Tchor Minor, Boukhara, Ouzbékistan

La route de la Soie reliait la Chine à la Méditerranée à travers l'Asie centrale

Yourte dans la steppe kirghize

SOMMETS DU TIAN SHAN, KIRGHIZISTAN

RECORDS À BATTRE

Kaboul, la plus grande ville d'Asie centrale, compte **3,5 millions** d'habitants • Le point culminant de cette région montagneuse est le pic Ismaïl-Samani, au Tadjikistan **(7 459 m)** • Le désert de Karakoum représente environ **70%** du territoire du Turkménistan.

LA MER DISPARUE

La mer d'Aral était jadis le quatrième lac de la planète par la taille. Mais ses eaux ont été détournées pour irriguer les cultures et elle n'est plus qu'une fraction de ce qu'elle était et ressemble aujourd'hui à un désert de sel pollué.

QUI SUIS-JE ?

J'ai deux bosses et un manteau à poils longs et hirsutes pour me tenir chaud.

RÉPONSE : le chameau de Bactriane

QUI SONT-ILS ?

Les **Turkmènes**, les **Kazakhs**, les **Ouzbeks** et les **Kirghizes** – qui ont donné leur nom à des pays actuels d'Asie centrale – sont des peuples turcs. Les **Tadjiks**, qui ont aussi donné leur nom à un pays, sont des persans, tout comme les **Pachtounes**, les **Baloutches** et les **Aimaks** que l'on rencontre en Afghanistan. L'Afghanistan a la population la plus diverse. Les **Ouïghours** sont présents des deux côtés de la frontière chinoise. La religion dominante est l'islam sunnite.

Depuis **8 000 ans**, on extrait du **lapis-lazuli** des mines d'Afghanistan – une pierre bleue utilisée pour fabriquer des bijoux.

KALÉIDOSCOPE DE COULEURS

Les teinturiers de Kaboul mettent à sécher leurs fils de laine, formant un kaléidoscope de rouges, d'orange et de violets. Ils serviront à tisser des tapis aux motifs complexes. Depuis plusieurs siècles, l'Afghanistan et les autres pays d'Asie centrale fabriquent des tapis réputés dans le monde entier.

Avec ses **2,7 millions de km²**, le **Kazakhstan** est le plus grand pays au monde complètement enclavé (sans accès à la mer)

Administré par la Russie, le **cosmodrome de Baïkonour**, au Kazakhstan, est le site de lancement spatial le plus important.

Noms en "stan"...
Le suffixe **"stan"** signifie "lieu de", "pays de" ou "terre de" en **persan**.

100% ASIE CENTRALE

LAIT DE JUMENT FERMENTÉ :
Le koumis est apprécié des Kazakhs et des Kirghizes

LA YOURTE :
Tente en feutre des nomades des steppes

MARKHOR :
Chèvre sauvage aux grandes cornes en spirale

SPORT LE PLUS FOU :
Le bouzkachi afghan est une compétition à cheval au cours de laquelle les cavaliers se disputent une dépouille de chèvre

DRÔLE DE PIF :
La saïga (antilope des steppes) a un curieux museau qui ressemble à une trompe

SAMARKAND :
La ville la plus célèbre de la route de la Soie, en Ouzbékistan

L'une des plus anciennes et des plus belles races de **chevaux** vient du **Turkménistan**. L'akhal-téké est réputé pour sa rapidité, sa résistance, son intelligence et sa robe brillante.

Le **plat afghan** par excellence : *Kabuli Palaw*, à base de riz, lentilles, noix de cajou, raisins, carottes et agneau.

Le tombeau de l'**Homme d'or**, un **prince** scythe qui vécut il y a 2 300 ans, a été retrouvé à Issyk au Kazakhstan. Son manteau était recouvert de **3 000 pièces d'or**.

Le Kazakhstan présente l'économie la plus dynamique d'Asie centrale. Il exporte du pétrole, des métaux et du blé.

Le **Kirghizistan** est réputé pour ses **amandes**, ses **pistaches** et ses **noix**.

On recense **158** chaînes montagneuses au **Kirghizistan**. Le plus haut sommet du Tian Shan, à la frontière chinoise, est le pic Pobedy ou Jengish Choqusu **(7 439 m)**.

Asie orientale

Chine - Corée du Nord - Corée du Sud - Japon - Mongolie

La Chine est bordée par les hauts sommets de l'Himalaya. À l'ouest du pays s'étend le plateau tibétain, surnommé le Toit du monde. De longs fleuves comme le Yangzi Jiang serpentent vers l'est. La plupart des habitants vivent dans les plaines de l'est ou du sud – de la culture du blé, du maïs ou du riz –, ou dans les mégalopoles. Alors que cette civilisation est vieille d'au moins 3 000 ans, les choses changent vite dans la Chine d'aujourd'hui.

Avec l'ouverture d'usines et de mines de charbon, la Mongolie évolue elle aussi à un rythme frénétique. Ses déserts et ses steppes sont battus par les vents et brûlés par le soleil ou glacées par le froid. On y aperçoit des yourtes, des 4 x 4 et des chevaux.

La péninsule coréenne se divise entre Corée du Nord, pauvre et très fermée, soumise à un régime militaire, et Corée du Sud, à l'économie florissante grâce notamment à l'électronique de pointe.

Le Japon est composé de quatre grandes îles et de centaines d'autres plus petites. Densément peuplé, surtout dans la mégalopole de Tokyo, il subit régulièrement des séismes de grande magnitude.

Troupeau de chèvres, Mongolie

La Cité interdite, à Pékin

SHANGHAI
Parmi les ports les plus vastes du monde, Shanghai est la première ville de Chine, avec plus de 24 millions d'habitants.

Danse du dragon, Chine

LUMIÈRES DE TOKYO, JAPON

YAKS DU PLATEAU TIBÉTAIN

CONCENTRÉ DE POPULATION

La Chine ne compte pas moins de **1,4 milliard** d'habitants • Les Chinois représentent environ **20%** de la population mondiale • **24 millions** de Chinois vivent à Shanghai • Depuis 1979, la petite ville chinoise de Shenzhen s'est transformée en une agglomération de **3,5 millions** d'habitants • Soit plus que dans toute la Mongolie, qui n'en compte que **2,9 millions** et est le pays le moins densément peuplé du monde.

QUI SUIS-JE ?

J'ai les yeux au beurre noir et je raffole des pousses de bambous.

RÉPONSE : le panda géant

JAPON, TERRE DE CONTRASTES

Les néons des villes, les trains à grande vitesse et les usines automobiles côtoient des campagnes paisibles, des temples anciens et des traditions séculaires. L'archipel s'égrène sur la ceinture du Pacifique, où le risque de séismes est permanent. Dans ce pays plutôt montagneux, grandes villes et exploitations agricoles se situent dans les plaines côtières.

QUI SONT-ILS ?

La population chinoise est composée à 90% de **Han** (parlant mandarin ou cantonais), mais le pays reconnaît 55 ethnies, dont les **Zhuang**, les **Mandchous**, les **Hui**, les **Ouïghours**, les **Miao**, les **Yi** et les **Tibétains**. Les autres peuples de la région sont les **Japonais**, les **Coréens** et les **Mongols**. Au nombre des cultes pratiqués en Asie orientale figurent le taoïsme, le confucianisme et diverses formes de bouddhisme, mais aussi le shintoïsme au Japon, ainsi que l'islam et le christianisme.

Au Japon, le rite de la **cérémonie du thé** s'appelle Chanoyu.

POISSONS VOLANTS

Au Japon, des banderoles et des carpes en papier coloré appelées *koinobori* flottent dans le vent le jour de la fête des Enfants (5 mai). Pourquoi une carpe ? Le poisson suscite l'admiration car il parvient à nager à contre-courant et à franchir des cascades. On se régale ce jour-là de *kashiwamochi,* des gâteaux de riz à la pâte de haricot rouge.

La **Chine** est le troisième pays au monde par la superficie (presque **10 millions de km^2**), juste derrière les États-Unis (et plus de 18 fois la France)

La **Grande Muraille** est un vaste ouvrage défensif bâti sur plus de mille ans à partir du IIIe av. J.-C. et qui s'étire sur **21 196 km** dans le nord de la Chine.

100% ASIE ORIENTALE

LA CITÉ INTERDITE :
Vieux de six siècles, le Palais impérial de Pékin abrite 980 bâtiments entre ses murs

TRANSRAPID DE SHANGHAI :
Ce train ne roule pas sur des rails mais "flotte" grâce à un système d'électro-aimants, à une vitesse de 431 km/h

AMPLITUDE THERMIQUE :
La température dans le désert de Gobi peut varier de 35°C dans une même journée

CEINTURE NOIRE :
Le judo est l'art martial préféré du Japon

PREMIÈRES FLEURS :
Au Japon, le *hanami* est l'époque des cerisiers en fleur

AVIS AUX AMATEURS :
Le fugu est un poisson très apprécié au Japon, mais certaines parties comportent un poison mortel !

SPÉCIAL MARINADE :
Le kimchi est un mets traditionnel coréen à base de légumes fermentés pimentés

SPORTS DE MONGOLIE :
Tir à l'arc traditionnel, lutte et course de chevaux

Le **Yangzi Jiang**, ou Chang Jiang, est **le plus long fleuve d'Asie** et le troisième du monde avec ses **6 300 km.**

Deuxième fleuve d'Asie, le **fleuve Jaune** (ou Huang He) doit son nom à ses eaux boueuses. On le surnomme aussi "**Chagrin de la Chine**" car il a provoqué de nombreuses crues dévastatrices.

La **Corée du Sud** affiche la connexion Internet la plus rapide du monde avec une moyenne de téléchargement de **33,5 mégabits par seconde**

Le Japon compte 6 852 îles. La plupart des habitants vivent sur les 4 principales : Honshu, Hokkaido, Kyushu et Shikoku.

Des fossiles de vélociraptors et des **œufs de dinosaure** ont été découverts sur le site de Flaming Cliffs, en **Mongolie**.

En 2013 le Japon a produit 7,9 millions de voitures

Inventions de la Chine antique

- Feux d'artifice • Acupuncture
- Fonte • Laque
- Boussole magnétique
- Porcelaine
- Vernis à ongles
- Poudre à canon
- Papier-monnaie
- Imprimerie
- Baguettes
- Cerf-volant
- Gouvernail à bateau
- Sismomètre (pour enregistrer les séismes)

Asie du Sud

Bangladesh - Bhoutan - Inde - Maldives - Népal - Pakistan - Sri Lanka

Environ 1,3 milliard de personnes vivent en Inde. Dans les villes, rues et gares ne désemplissent jamais. Les étals des marchés proposent fruits exotiques et épices savoureuses. Des temples hindous dominent des champs poussiéreux. Des femmes en sari coloré lavent leur linge dans les fleuves. Si de nombreux habitants sont pauvres, l'Inde abrite aussi des industries de haute technologie et se transforme très vite.

À son extrémité sud, l'Inde avance dans l'océan Indien et l'île du Sri Lanka, pays indépendant, se situe de l'autre côté du détroit de Palk. Au nord-ouest de l'Inde se trouvent le Pakistan et la vaste vallée de l'Indus. De nombreux fleuves sont alimentés par les glaciers du Karakorum. Les sommets de l'Himalaya se prolongent vers l'est le long de la frontière chinoise jusqu'au Népal et au Bhoutan.

De l'ouest de l'Himalaya, le Gange descend le plateau indien pour se diviser en multiples bras au Bangladesh. Le littoral sans grand relief du golfe du Bengale est fertile, mais subit régulièrement des crues importantes.

Fleuve sacré des hindous, le Gange à Bénarès (Varanasi), Inde

MERVEILLE DU MONDE
Le Taj Mahal, situé à Agra, en Inde, a été achevé en 1653. Ce tombeau tout de marbre n'est-il pas le plus beau monument au monde ?

Récolte du thé au Sri Lanka

TEMPLE D'OR D'AMRITSAR, INDE

SOMMET DU K2, FRONTIÈRE SINO-PAKISTANAISE

ÎLES TROPICALES

Ensemble d'îles coralliennes au milieu de l'océan Indien, les Maldives représentent la plus petite nation d'Asie par la superficie (298 km²) et le nombre d'habitants (393 500), ainsi que la plus basse avec une moyenne d'à peine 1,5 m au-dessus du niveau de la mer.

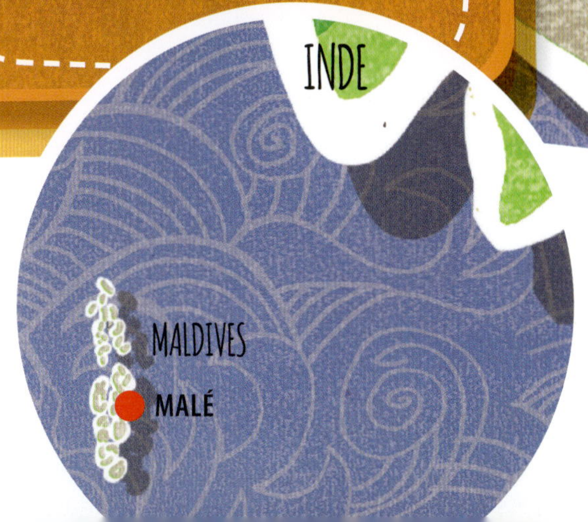

RECORDS À BATTRE

L'Himalaya possède plus d'une centaine de sommets dépassant **7 200 m** d'altitude • L'Everest (aussi appelé Sagarmatha ou Chomolungma) culmine à **8 848 m** et est accessible aux alpinistes depuis le Népal ou le Tibet • Le Gange parcourt **2 525 km** de l'Himalaya à la mer, où il forme le plus **grand delta** au monde sur une étendue de **105 000 km²**.

QUI SONT-ILS ?

L'Asie du Sud bat tous les records en matière de langues : 447 langues sont parlées en Inde, 72 au Pakistan, 41 au Bangladesh et 25 au Bhoutan. Les différences de mode de vie sont ici très marquées entre habitants des villes et des campagnes. De plus, en Inde perdure le système traditionnel des castes. Enfin, la religion joue un rôle essentiel dans cette région du monde, que les habitants soient **hindous, musulmans, sikhs, jaïns, farsis, bouddhistes** ou **chrétiens**.

D'après la légende, **Shah Jahan**, l'empereur moghol à l'origine du **Taj Mahal**, fit couper les mains de ses architectes et de ses ouvriers une fois l'édifice terminé. Ainsi, ils ne pourraient plus jamais rien bâtir d'aussi somptueux.

DANS LES NUAGES

Petit royaume préservé, le Bhoutan se niche dans les contreforts de l'Himalaya entre la Chine et l'Inde. Les visiteurs n'y sont admis que depuis 1974. Les habitants ont conservé leurs tenues traditionnelles, leurs danses des masques et leurs concours de tir à l'arc. Parmi les curiosités de la faune figurent le takin (sorte de gnou), le langur doré (singe) et la panthère nébuleuse.

S'étirant sur plus de **3 millions de km²** (près de 6 fois la France) l'Inde est le **plus grand pays** d'Asie du Sud

Bataille de couleurs ! Au moment de **Holi**, fête hindoue célébrant le printemps, les habitants d'Inde se lancent de la poudre pigmentée.

Karachi, plus grande ville du Pakistan, compte **16,1 millions** d'habitants.

100% Asie du Sud

REFUGE POUR TIGRES DU BENGALE :
La région des Sundarbans au Bangladesh et en Inde

GLACE KULFI :
Parfumée à la cardamome, à la mangue ou à la pistache, la glace est appréciée dans toute la région

CRICKET :
Sport de prédilection au Pakistan, en Inde et au Sri Lanka

NOM DU BHOUTAN :
Il signifie "terre du dragon tonnerre"

BASANT :
Au Pakistan, *basant*, la fête du Printemps s'accompagne de vols de cerfs-volants

INDIA-NET :
L'Inde compte plus de 205 millions d'internautes

DOUBLE TRIANGLE :
La forme du drapeau du Népal, qui représente le Soleil et la Lune, est unique

BOLLYWOOD :
Bombay (ou Mumbai) est la capitale de l'industrie cinématographique indienne

Danseurs, joueurs de tambour et éléphants caparaçonnés figurent au programme de l'**Esala Perahera** (fête de la Dent), fête bouddhiste qui se déroule à **Kandy, au Sri Lanka**.

Il y a **4 600 ans**, la vallée de l'**Indus** abritait des villes comme Harappa et Mohenjo-Daro, qui disposaient déjà d'un quadrillage urbain, d'égouts et d'entrepôts.

Plus vieille locomotive en service, la **Fairy Queen**, construite en 1855 pour la Compagnie britannique des Indes orientales, remorque aujourd'hui un train touristique sans dépasser les **40 km/h**.

L'Inde est réputée pour l'agriculture, la pêche, les textiles, mais aussi les entreprises informatiques et les centres d'appel.

On recense **14 000 morsures** fatales de serpent par an en Asie du Sud, surtout de cobras et de vipères.

En **Inde**, les **élections** prennent des proportions sans commune mesure : il faut **6 semaines** pour dépouiller les votes de **814,5 millions** d'électeurs.

RIZIÈRES DES PHILIPPINES

DRAGON DE KOMODO

GRATTE-CIEL DE SINGAPOUR

TYPHON DE LA TERREUR

Dans l'océan Indien se produisent parfois des cyclones et, dans le Pacifique, on parle de typhons. En 2013, le typhon Haiyan a atteint 275 km/h et causé des milliers de morts aux Philippines.

ARCHIPELS

Un archipel est un ensemble d'îles regroupées, et l'Asie du Sud-Est en compte beaucoup. L'Indonésie en fait partie et rassemble plus de **17 500** îles. Les Philippines en dénombrent **7 107** • Cette région sur la Ceinture du Pacifique est exposée aux volcans, aux séismes et aux tsunamis • Les Philippines possèdent **25** volcans actifs, l'Indonésie, environ **130** • En 1883, l'éruption du Krakatoa a été entendue à **4 800 km** de distance.

ASIE DU SUD-EST

BRUNEI - CAMBODGE - INDONÉSIE - LAOS - MALAISIE - MYANMAR (BIRMANIE) - PHILIPPINES - SINGAPOUR - THAÏLANDE - TIMOR ORIENTAL - VIÊTNAM

La longue péninsule indochinoise s'étire entre l'océan Indien et l'océan Pacifique. De petites ou plus larges îles sont baignées d'eaux tièdes où nagent des poissons volants. Le Laos, le Viêtnam et le Cambodge abritent de nombreuses forêts et régions de rizières, que traverse le Mékong.

À l'ouest, bordé par l'Inde et la Chine, le Myanmar a pour principal fleuve l'Irrawaddy. Une bande de terre se prolonge au sud, occupée par la Thaïlande, bordée d'îles et de plages tropicales, puis par la Malaisie et Singapour. Les villes de Singapour et de Kuala Lumpur sont deux centres du commerce international.

Une partie de l'île de Bornéo appartient à la Malaisie, une autre au Brunei. Le reste de l'île, couvert de forêts tropicales et de montagnes, fait partie de l'Indonésie, qui comprend aussi Java et Sumatra, ainsi que l'ouest de l'île de Nouvelle-Guinée. Le Timor oriental est un État indépendant sur l'île de Timor, dont une partie est indonésienne.

Entre la mer de Chine méridionale et l'océan Pacifique s'égrènent les nombreuses îles des Philippines, où l'on trouve des villes surpeuplées, des forêts et des rizières en terrasses. Manille, la capitale, se trouve sur l'île de Luçon.

QUI SONT-ILS ?

Parmi les habitants d'Asie du Sud-Est figurent les **Thaï**, les **Vietnamiens**, les **Khmers**, les **Lao**, les **Malais**, les **Dayak**, les **Han**, les **Javanais**, les **Philippins** et des dizaines d'autres groupes ethniques. En Indonésie uniquement, on parle 706 langues ; 181 aux Philippines. De nombreuses religions sont pratiquées ici : catholicisme aux Philippines, bouddhisme de la Thaïlande au Viêtnam, hindouisme à Bali. L'Indonésie compte 205 millions de musulmans.

L'**Indonésie** est le plus grand pays d'Asie du Sud-Est avec une superficie de près de **2 millions de km²** (3,5 fois la France)

On trouve **3 millions** de buffles d'Asie au Viêtnam, plus de **3 millions** aux Philippines et **1,3 million** en Thaïlande. Sous leur apparence imposante, ce sont des créatures sympathiques qui aident à labourer les rizières.

NOVICES DU MYANMAR

De dix à vingt ans, la plupart des garçons du Myanmar rejoignent un monastère en tant que novices. Ils revêtent alors la robe des moines bouddhistes, se rasent la tête et portent un bol d'offrandes. Certains deviendront moines à l'âge adulte. Leur vie de moine peut durer quelques jours seulement ou toute la vie.

Le temple d'**Angkor Vat**, au Cambodge, est le plus grand site religieux au monde. Édifié par les Khmers à partir du XIIe siècle en tant que temple hindou, il devint par la suite un centre du bouddhisme.

100% ASIE DU SUD-EST

LE NOM SINGAPOUR :
Signifie la "ville du lion"

ÎLES AUX ÉPICES :
L'Indonésie produit 57 000 tonnes de clous de girofle par an – un record mondial

TOURS JUMELLES :
Les tours Petronas sont des gratte-ciel jumeaux à Kuala Lumpur, en Malaisie (452 m)

ANANAS À VOLONTÉ :
Les Philippines sont le plus gros producteur d'ananas au monde

ORANG-OUTAN :
On trouve le grand singe sur les îles de Bornéo et de Sumatra

BOXE MUAY THAÏ :
Sport de combat où l'on utilise poings, pieds, coudes et genoux

PHO BO :
Soupe aux nouilles et au bœuf qui s'achète dans la rue au Viêtnam

FLEURS D'ORANGER :
Pour célébrer le Têt, le Nouvel An vietnamien

TISSUS À MOTIFS :
Les batik de Java, en Indonésie

La **mégalopole de Jakarta** est la plus peuplée d'Asie du Sud-Est, avec plus de **28 millions** d'habitants.

L'exploitation forestière illégale met à mal les **forêts tropicales** indonésiennes et la fumée des feux de forêt fait suffoquer les villes avoisinantes.

Exportations thaïlandaises : les ordinateurs et leurs accessoires. En Indonésie : le pétrole, le gaz et l'huile de palme.

Le plus **gros lézard** du monde est le **dragon de Komodo**, qui vit en Indonésie.

Il peut mesurer **3 m** et peser jusqu'à **70 kg**.

POURQUOI NE VISITERAIS-TU PAS...

KrungthepmahanakhonAmonrattanakosinMahintharayutthaya MahadilokphopNoppharatratchathaniburiromUdomratchaniwet mahasathanAmonphimanawatansathitSakkathattiyawitsanukamprasit

... C'EST PAR LÀ !

À L'AÉROPORT, ON L'APPELLE SIMPLEMENT... BANGKOK.

La **pagode Shwedagon** à **Rangoun** (ou Yangon), au Myanmar, est recouverte d'or. Son dôme est orné de **5 448 diamants** et **2 317 rubis**. La pointe est surmontée d'un **diamant de 76 carats**.

Moyen-Orient

Arabie saoudite - Bahreïn - Émirats arabes unis (E.A.U.) - Irak - Iran - Israël et Territoires palestiniens - Jordanie - Koweït - Liban - Oman - Qatar - Syrie - Turquie - Yémen

Panthère de Perse

En Iran, les bergers conduisent leurs troupeaux à travers les montagnes, tandis qu'à Dubai, des ouvriers travaillent autour d'un gratte-ciel à peine sorti de terre. En Irak, on récole les dattes toutes fraîches. Le Moyen-Orient est l'une des zones du monde où l'agriculture est apparue. Plusieurs civilisations y ont connu leur apogée. Mais, dans des temps plus récents, certaines de ces terres ont connu la violence et la guerre.

Le pétrole et le gaz ont assuré la prospérité à certains pays, mais de nombreux habitants n'ont jamais connu que la misère.

L'Iran s'étend entre la mer Caspienne et le golfe Persique. Son voisin, l'Irak, occupe les vallées du Tigre et de l'Euphrate. Au sud se tiennent les petits mais riches États du Golfe, ainsi que le Yémen et Oman, et les déserts d'Arabie saoudite. Le désert de sable se prolonge jusqu'en Jordanie. La Syrie, le Liban et Israël donnent tous trois sur l'est de la Méditerranée. Les Territoires palestiniens comprennent quant à eux Gaza et la Cisjordanie. Jérusalem est une ville sainte pour les juifs, les musulmans et les chrétiens.

Au nord de Chypre, la Turquie forme en quelque sorte une passerelle entre l'Asie et l'Europe ; sa plus grande ville, Istanbul, se situant à cheval sur les deux. De nombreux Turcs quittent la campagne, ses oliveraies, ses terres arables et ses montagnes, pour venir travailler dans des villes en pleine expansion.

Jérusalem, ville trois fois sainte

La mosquée bleue, à Istanbul (Turquie), et le Bosphore

Dunes de sable, Émirats arabes unis

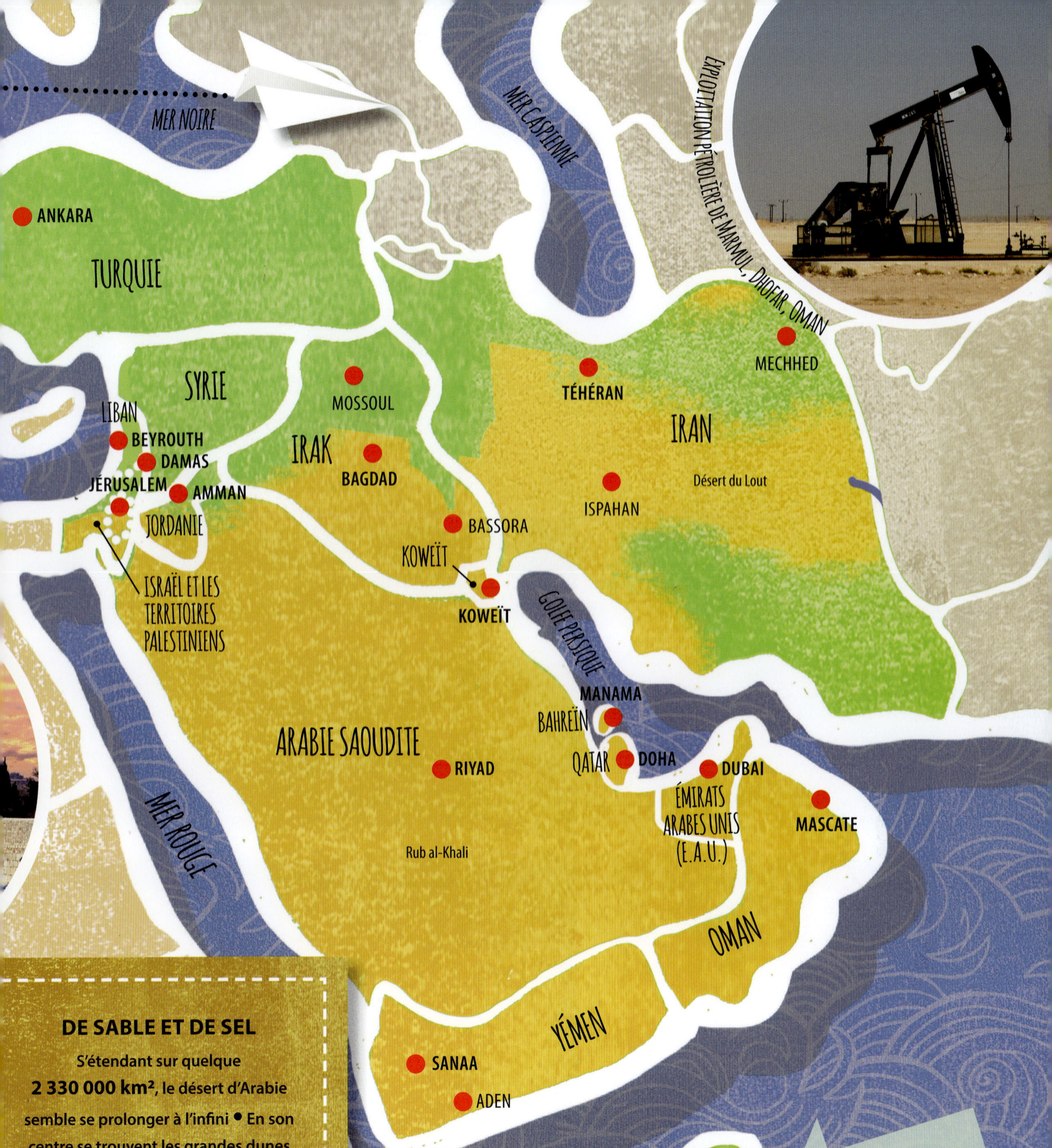

EXPLOITATION PÉTROLIÈRE DE MARMUL, DHOFAR, OMAN

DE SABLE ET DE SEL

S'étendant sur quelque **2 330 000 km²**, le désert d'Arabie semble se prolonger à l'infini • En son centre se trouvent les grandes dunes du désert de Rub al-Khali, dit "le Quart vide" • Les plus longs fleuves du Moyen-Orient sont le Tigre (**1 899 km**) et l'Euphrate (**3 596 km**) • Les eaux salées de la mer Morte reposent entre la Jordanie, la Cisjordanie et Israël. Elles correspondent au point le plus bas de la planète, à **427 m** sous le niveau de la mer.

SCULPTURES ASSYRIENNES DU IXe AV. J.-C.

QUI SONT-ILS ?

Les **Arabes** représentent le groupe de population le plus répandu de cette région, où l'on rencontre aussi des **Perses** (en Iran) et des **Turcs**. Les **Kurdes** sont présents en Turquie, en Iran, en Irak et en Syrie. Le Moyen-Orient abrite de nombreuses autres minorités et cultures. Le Liban notamment est une véritable mosaïque de communautés. L'islam est la religion la plus répandue dans la région, qu'il s'agisse des musulmans sunnites ou chiites. Le judaïsme est pratiqué par les juifs d'Israël et d'ailleurs. Plusieurs cultes chrétiens sont également suivis.

L'**Arabie saoudite** est le plus vaste pays de la région avec **2 149 690 km²** (4 fois la France)

Les pays producteurs de pétrole du Moyen-Orient abritent une très importante population immigrée, venant majoritairement d'Inde et du Pakistan.

PAYS EN GUERRE

Imagine-toi devoir fuir ta maison sur-le-champ, sous les bombardements, sans même avoir le temps de faire tes bagages. C'est ce qui est arrivé à de nombreuses familles lorsque la guerre a éclaté en Syrie en 2011, entre le gouvernement et les rebelles. Beaucoup ont quitté le pays pour aller vivre dans des camps de réfugiés. En 2014, 589 000 Syriens se trouvaient en Jordanie, 992 000 au Liban et 668 000 en Turquie. Ils devront peut-être attendre des années avant de rentrer chez eux.

Plus de **3 millions** de musulmans participent chaque année au pèlerinage de **La Mecque, en Arabie saoudite.**

Inventions du Moyen-Orient

- 9500 av. J.-C. **Agriculture**
- 4000 av. J.-C. **Villes**
- 3500 av. J.-C. **Véhicule à roues, roue du potier, écriture, bronze**
- 2350 av. J.-C. **Bibliothèques**
- 2334 av. J.-C. **Premier empire (Akkad)**

100% MOYEN-ORIENTAL

THÉÂTRE D'OMBRES :
Vieille tradition turque

CITÉ DE PETRA :
Cité du désert creusée dans la roche rose, Jordanie

DÉLICE PALESTINIEN :
Maamoul : dattes ou noix enrobées de semoule

MOUDHIF :
Constructions en roseau dans les marais du sud de l'Irak

"SALUT !" EN KURDE :
"Silav !"

NOROUZ :
Fête du printemps en Iran

FÉLIN MENACÉ :
La rare panthère de Perse dans le nord de l'Iran et l'est de la Turquie

LA PLUS HAUTE TOUR DU MONDE :
La Burj Khalifa à Dubai (aux E.A.U.) mesure 828 m de haut

Le **Grand Bazar d'Istanbul**, fondé en **1456,** attire toujours 400 000 visiteurs par jour. Il compte 61 allées couvertes et plus de 3 000 échoppes.

En **Arabie saoudite**, la course de chameaux est une activité prisée où les animaux peuvent atteindre **65 km/h**

L'Arabie saoudite possède près d'un cinquième des réserves mondiales de pétrole. C'est le plus grand producteur et exportateur au monde.

70,7°C

C'est la température la plus **chaude** jamais relevée à la surface de la Terre. Elle l'a été par satellite dans le désert de sel du Lout (ou Dasht-e Lut, **est de l'Iran**).

5 des 10 principaux producteurs mondiaux de pétrole se trouvent au Moyen-Orient : Arabie saoudite, Émirats arabes unis, Iran, Irak, Koweït.

Afrique

"Je rêve d'une Afrique en paix avec elle-même."

Nelson Mandela (1918-2013)

C'est sur le continent africain, berceau de l'humanité, qu'ont été découverts les restes d'hominidés les plus anciens. Sur ces terres aux couchers de soleil flamboyants, tu peux encore admirer des fauves et des troupeaux d'animaux sauvages.

L'Afrique compte plus d'habitants de moins de 20 ans que tout autre continent. Il en résulte un dynamisme et une énergie palpables dans les rues animées des villes comme dans les villages isolés.

Il y a plusieurs siècles se tenaient ici des royaumes et des empires, avant qu'une grande partie du continent ne tombe aux mains des puissances coloniales. De nombreux Africains furent vendus comme esclaves. De nos jours, si ces pays ont retrouvé leur indépendance, ils sont confrontés à de nombreux problèmes : manque d'eau potable, difficultés sanitaires. De nombreux Africains doivent subir les conséquences des sécheresses et de la misère, mais aussi de la criminalité et des conflits. La jeunesse demeure en quête d'un avenir meilleur.

L'Afrique compte quatre fuseaux horaires. Les îles du Cap-Vert à l'ouest, tout comme l'île Maurice et les Seychelles à l'est sont soumises à d'autres fuseaux horaires.

LÉGENDE
1 Kora **2** Mosquée de Djenné, Mali **3** Galago **4** Statue de chat (Égypte antique) **5** Baobab **6** Gorille des montagnes **7** Fèves de cacao **8** Okapi **9** Kniphofia (plante) **10** Maison ndébélé **11** Éléphant **12** Tortue luth **13** Dauphin de Péron **14** Cargo porte-conteneurs

Superficie : 30 221 532 km^2
Rang : 2e continent par la superficie
Habitants : 1,1 milliard

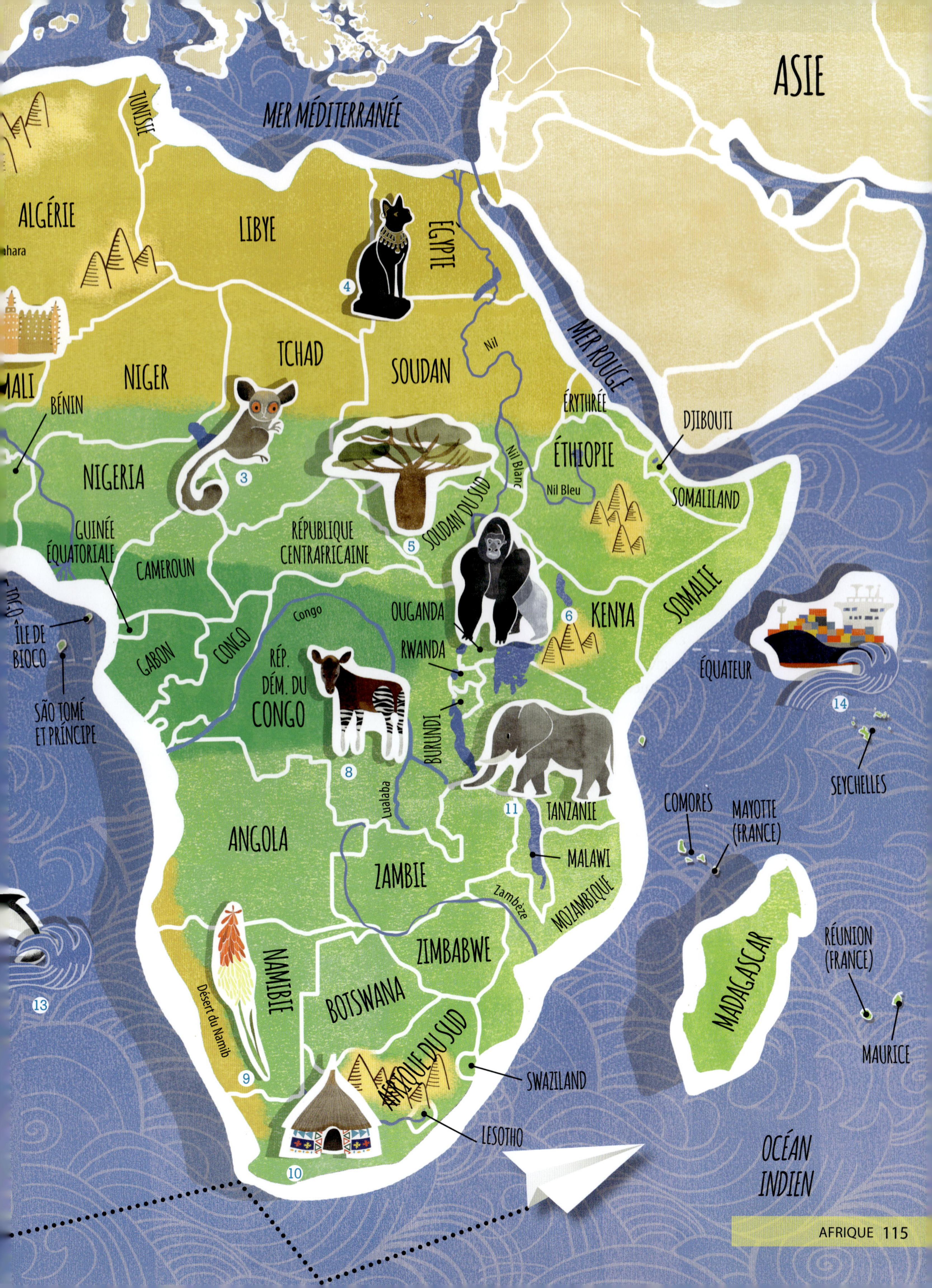
ASIE
MER MÉDITERRANÉE
TUNISIE
ALGÉRIE
LIBYE
ÉGYPTE
4
TCHAD
SOUDAN
NIGER
MALI
BÉNIN
Nil
MER ROUGE
ÉRYTHRÉE
DJIBOUTI
ÉTHIOPIE
Nil Blanc
Nil Bleu
SOMALILAND
NIGERIA
3
SOUDAN DU SUD
5
GUINÉE ÉQUATORIALE
CAMEROUN
RÉPUBLIQUE CENTRAFRICAINE
OUGANDA
6
KENYA
SOMALIE
ÎLE DE BIOCO
Congo
GABON
CONGO
RÉP. DÉM. DU CONGO
RWANDA
ÉQUATEUR
14
SÃO TOMÉ ET PRÍNCIPE
BURUNDI
8
Lualaba
11
TANZANIE
SEYCHELLES
COMORES
MAYOTTE (FRANCE)
ANGOLA
ZAMBIE
MALAWI
Zambèze
MOZAMBIQUE
MADAGASCAR
RÉUNION (FRANCE)
13
NAMIBIE
ZIMBABWE
BOTSWANA
Désert du Namib
AFRIQUE DU SUD
MAURICE
9
SWAZILAND
LESOTHO
10
OCÉAN INDIEN

Surprenante Afrique

Au Kenya, l'équateur, qui passe au milieu de l'Afrique, est matérialisé par une ligne peinte sur la route. En te plaçant à cheval sur la ligne, tu auras un pied dans chaque hémisphère ! Ici, les journées sont souvent chaudes et moites. Les forêts tropicales abritent des chimpanzés, des gorilles, des okapis et plus d'un millier d'espèces végétales. Les lacs et les grands fleuves, où évoluent crocodiles et hippopotames, sont alimentés par d'importantes pluies. Au nord et au sud de la zone équatoriale s'étend la savane, où le lion est maître en sa demeure. On trouve aussi de vastes déserts et des montagnes, dont quelques hauts sommets enneigés, malgré la chaleur torride.

S'étirant sur **6 853 km**, le **Nil** est le plus long fleuve au monde

Le Zambèze, Zambie

Désert de Libye

Kilimandjaro, Tanzanie

Pélicans blancs, Afrique du Sud

Records à battre

L'éléphant d'Afrique est le plus gros mammifère terrestre au monde • Un éléphant mâle peut peser plus de **6 tonnes** • La girafe, quant à elle, mesure environ **6 m** de haut • L'autruche, plus gros oiseau de la planète, est aussi le plus rapide sur terre puisqu'il peut atteindre des pointes de **70 km/h** • Tous ces animaux vivent non loin du Kilimandjaro, le plus haut sommet africain, qui s'élève à **5 895 m**.

Le top 10 de l'Afrique

Invention de l'Égypte antique : le papyrus
Sorte de papier fabriqué à partir de la plante de papyrus, une cypéracée

Mosquée de Djenné, Mali
Construite en adobe (argile non cuite)

Pyramide de Khéops, Gizeh, Égypte
Vers 2560 av. J.-C.

Galago, Sénégal
Adorable lémurien !

Barrage d'Assouan, Égypte
Sur le Nil, Haute-Égypte

Didier Drogba
Star du foot originaire de Côte d'Ivoire

Lobélies géantes, Ouganda
Plantes immenses

Femme Turkana
Nord du Kenya

Passion du foot en Afrique du Sud
Sport préféré du continent

Chutes Victoria Mosi-oa-Tunya
Le nom local (Mosi-oa-Tunya) signifie “la fumée qui gronde”

Célébrités africaines

Nelson Mandela (à g.) a conduit la lutte pour la liberté en Afrique du Sud. La Kenyane **Wangaari Maathai** s'est battue pour les droits des femmes et pour l'environnement. Parmi les grands sportifs figure le coureur à pied éthiopien **Hailé Gébrésélassié**. La top-modèle **Alek Wek** (à d.) est née au Soudan du Sud. Et la scène musicale africaine s'enorgueillit de nombreuses stars internationales.

Afrique du Nord

Algérie - Égypte - Libye - Mali - Maroc - Mauritanie - Niger - Sahara occidental - Soudan - Tchad - Tunisie

À Marrakech, au Maroc, la place Djemaa el-Fna est réputée pour ses marchands d'épices, ses musiciens et danseurs gnaouas, ses charmeurs de serpents et ses porteurs d'eau. En Afrique du Nord, tu verras aussi bien des fermiers cueillir des olives aux abords de la Méditerranée que des employés de bureau pressés affluer dans les cybercafés de rues modernes. Au sud de la région se déploient la chaîne de l'Atlas et, à perte de vue, les dunes du Sahara qui, un peu plus bas, touche le Sahel, où se pratique encore l'élevage de chèvres et de bovins. Vers l'est, le Nil se faufile à travers les déserts du Soudan et d'Égypte, apportant l'eau aux habitants et aux animaux, ainsi que l'hydroélectricité dans les villes.

Marché aux épices, Marrakech, Maroc

Vipère à cornes, Sahara

Un vrai désert
Hormis les employés des exploitations pétrolières et gazières, et les marchands à dos de dromadaire, rares sont ceux qui parcourent le Sahara.

De nombreuses maisons ont un toit plat et sont conçues pour garder la fraîcheur.

Carreaux de faïence traditionnels

RECORDS À BATTRE

Plus de **18 millions** de personnes vivent au Caire, plus grande ville d'Afrique du Nord • Les pyramides de Gizeh ont été bâties il y a plus de **4 500 ans** pour abriter les tombeaux des pharaons • Le Nil Bleu et le Nil Blanc se rejoignent au Soudan pour devenir le Nil et s'écouler vers le nord jusqu'à la Méditerranée en formant un large delta. Le fleuve a un débit de **2 830 m³** d'eau par seconde (l'équivalent de 19 000 baignoires).

DENRÉE RARE

Dans certaines régions du désert, on trouve des nappes d'eau souterraines sous les roches. Dans les oasis, cette eau est ramenée à la surface grâce à des puits : la végétation (dattiers) se développe et procure de l'ombre. Les chèvres et les dromadaires peuvent s'abreuver.

QUI SUIS-JE ?

J'ai huit pattes, deux pinces et un dard redoutable au bout de ma queue.

RÉPONSE : un scorpion

QUI SONT-ILS ?

En Afrique du Nord vivent des peuples **arabes** et différents groupes **berbères**, dont les Touaregs. Au sud du Sahara se rencontrent les peuples d'Afrique occidentale, comme les **Peuls**. La plupart des Nord-Africains sont **musulmans**, mais en Égypte on trouve aussi des **coptes** (chrétiens).

De nos jours, les **Dogons** sont au nombre de 300 000. Beaucoup vivent dans des villages – 700 de ces bourgades comptent moins de 500 âmes. Leurs habitations sont creusées dans les **falaises de Bandiagara**, au Mali.

CHÈVRES VORACES

Dans la chaîne du Rif, dans le nord du Maroc, le printemps survient de bonne heure. On y récolte figues et maïs, et on élève des chèvres ou des bovins car le bétail a de quoi se régaler. Mais les chèvres ont la fâcheuse manie de dévorer la moindre plante et les bergers doivent les conduire loin des forêts de cèdres sur les hauteurs.

L'Algérie est le plus grand pays de toute l'Afrique avec **2 381 741 km²** (plus de 4 fois la France)

Au Mali, le peuple **dogon** effectue des danses et des cérémonies sur échasses.

100% AFRIQUE DU NORD

"SALUT !" EN TUNISIEN :
"As-salam alaykoum !"

PLUS HAUT SOMMET :
Toubkal, Maroc : 4 167 m

SCORPION MORTEL DU SAHARA :
Leiurus quinquestriatus
(dit "Rodeur mortel")

LA PLUS VIEILLE UNIVERSITÉ AU MONDE :
Karaouine (Fès, Maroc), fondée en 859

JEU DE PLATEAU PRÉFÉRÉ EN EGYPTE :
Backgammon

RUINES ROMAINES :
Leptis Magna (Libye), vers 200 av. J.-C.

MERVEILLE CULINAIRE :
Couscous fumant

ODEUR PESTILENTIELLE :
Tanneries de Fès, au Maroc
(les peaux trempent dans de la fiente de pigeon)

COUTUME DE L'ÉGYPTE ANTIQUE :
Momifier des crocodiles

Les sauterelles sont capables de détruire toute une récolte lorsqu'elles s'abattent sur un champ. Elles peuvent être **50 millions** sur **1 km²**, soit **50 par mètre carré !**

Les Égyptiens possèdent **92 640 000** téléphones portables – un record en Afrique du Nord.

Après un long voyage dans le désert, un dromadaire peut absorber **135 litres** d'eau en à peine **13 minutes !**

Dans les régions sèches, la pluie est un enjeu **vital**.

L'Égypte produit **1 374 000 tonnes** de dattes par an – aucun pays ne fait mieux !

Le Maroc et le Sahara occidental possèdent les trois quarts des réserves mondiales de phosphates, qui servent à fabriquer des engrais.

Dans le désert du Sahara, la température dépasse parfois les **50°C**.

En Mauritanie, certains trains atteignant 2,5 km de long (plus de 200 wagons) transportent du minerai de fer à travers le désert.

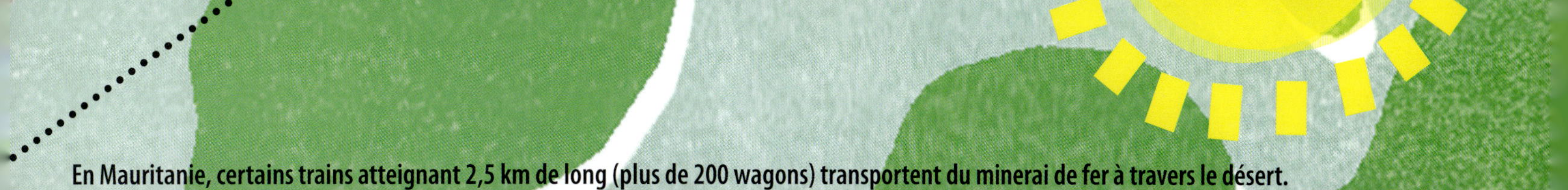

AFRIQUE DE L'EST

BURUNDI - COMORES - DJIBOUTI - ÉRYTHRÉE - ÉTHIOPIE - KENYA - MAYOTTE - OUGANDA - RWANDA - SEYCHELLES - SOMALIE - SOUDAN DU SUD - TANZANIE

Cette région du monde offre des visages multiples : forêts, plantations de café, villes ou villages de huttes. Si tu te déplaces en bus, tu voyageras aux côtés de la volaille à destination du marché ! Tu peux aussi grimper dans un train, un camion ou un *matatu* (minibus) bondé. Le trajet sera chaotique, mais tu côtoieras une foule de gens et tu entendras un grand nombre de langues. À l'intérieur de ces terres se trouvent les déserts de Somalie, les montagnes d'Éthiopie, le Nil Bleu et le Nil Blanc, la Rift Valley. À l'ouest s'étendent les Grands Lacs, des collines verdoyantes et les terres ocres de l'Ouganda, du Rwanda et du Burundi.

Rift Valley, Tanzanie

Safari au Kenya

Un marché au Burundi

AU PIED DU PLUS HAUT SOMMET
Les éléphants foulent le sol poussiéreux de la savane sous les flancs enneigés du Kilimandjaro.

SNORKELING AUX SEYCHELLES

MERVEILLES NATURELLES

Le lac Victoria ressemble à une mer intérieure, c'est le plus grand d'Afrique (**68 800 km²**) • Point le plus bas du continent, le lac Assal, à Djibouti, se trouve à **155 m sous le niveau de la mer**. Ses eaux sont dix fois plus salées que celles de la mer • En Tanzanie, le **cratère du Ngorongoro**, un volcan éteint, est un poste idéal d'observation de la faune • Les **empreintes** de pas découvertes à cet endroit, dans les roches de Laetoli, montrent que les hominidés se tenaient debout il y a **3,6 millions d'années.**

SUR L'OCÉAN INDIEN

Des boutres (petits voiliers) en bois transportent du bois de mangrove, des matériaux de construction ou la pêche du jour, tandis que cargos et tankers mettent le cap sur les ports de Mombasa ou de Dar es-Salaam.

QUI SUIS-JE ?

Je suis grand et gros. J'ai de petites oreilles et de grandes dents de devant. Je sais nager sous l'eau. Parfois je vois rouge.

RÉPONSE : l'hippopotame

QUI SONT-ILS ?

Dans cette région du monde vivent de nombreux groupes ethniques : **Amhara** en Éthiopie, **Nuer** et **Dinka** au Soudan du Sud, **Masaï** au Kenya et en Tanzanie, **Ganda** en Ouganda, **Hutu** et **Tutsi** au Rwanda… On rencontre aussi des communautés **asiatiques** et **européennes**. Les habitants sont chrétiens, musulmans ou encore adeptes de cultes animistes.

Avec une superficie de **1,1 million** de km^2, l'**Éthiopie** est le plus vaste pays d'Afrique de l'Est

L'**Érythrée** a été le premier pays au monde à faire de l'intégralité de son littoral (**1 347 km** de côtes) une zone protégée.

L'ÉCOLE AU KENYA

Au Kenya, l'année scolaire débute en janvier et dure trois trimestres. De 6 à 14 ans, les enfants sont obligés de fréquenter l'école, même si beaucoup s'abstiennent dans les zones rurales et les régions pauvres. On y apprend l'anglais, le swahili et les mathématiques. Après un examen, on peut ensuite aller au collège.

Dans cette école d'Iloileri, près de l'**Amboseli National Park**, au **Kenya**, l'uniforme est bleu et orange.

Plus de **4 Kenyans sur 10** ont moins de **14 ans**.

100% AFRIQUE DE L'EST

"SALUT !" EN SWAHILI :
"Jambo !"

JEU DE SOCIÉTÉ :
Bao (variante du mancala)

MONUMENTS SURPRENANTS :
Églises rupestres de lalibela, Éthiopie

INSTRUMENT DE MUSIQUE :
La *mbira* (ou *sanza*, constituée de lamelles métalliques fixées sur une planche)

CARTE D'IDENTITÉ POUR GORILLE :
Les narines des gorilles sont uniques, comme une empreinte de doigt

EN-CAS FAVORI :
Mandazi (beignets)

LAC LE PLUS PROFOND :
Tanganyika - 1 470 m

ORIGINES DU CAFÉ :
Le caféier viendrait d'Éthiopie

13

Le calendrier éthiopien comporte **13 mois** car le pays suit un ancien calendrier chrétien, avec un mois supplémentaire de 5-6 jours.

Le **flamant rose** doit sa couleur à une minuscule bactérie présente dans l'eau qu'il boit.

L'île de Zanzibar (en Tanzanie) exporte des clous de girofle, de la muscade, du poivre noir et de la cannelle.

En Tanzanie, on a observé un crocodile du Nil qui mesurait près de **6,5 m** de long – l'équivalent de **deux nageurs** bout à bout – et pesait environ **1 090 kg**.

Proverbe swahili : **Tulia tulia utakalo utalipata !** "Ne t'inquiète pas et tu auras ce que tu veux !"

L'Éthiopie est le cinquième producteur mondial de café.

Dans les régions isolées d'**Afrique de l'Est**, l'**eau** potable est rare. Au lieu de fréquenter l'école, les enfants doivent aller chercher de l'eau au puits.

Le Kenya a remporté **25 médailles d'or** aux Jeux olympiques, notamment en course de fond.

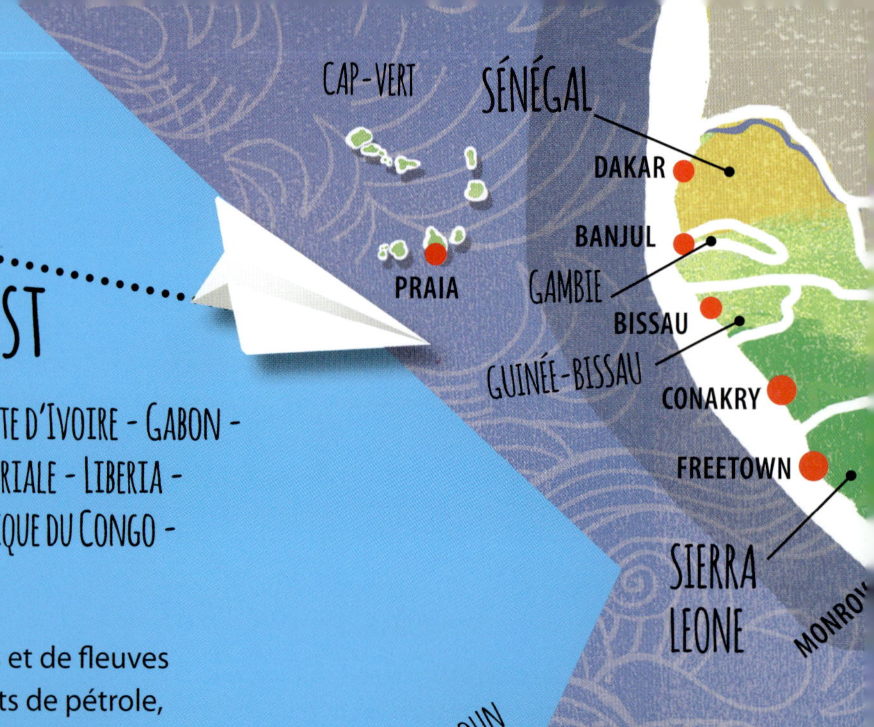

AFRIQUE CENTRALE ET DE L'OUEST

BÉNIN - BURKINA FASO - CAMEROUN - CAP-VERT - CONGO - CÔTE D'IVOIRE - GABON - GAMBIE - GHANA - GUINÉE - GUINÉE-BISSAU - GUINÉE ÉQUATORIALE - LIBERIA - NIGERIA - RÉPUBLIQUE CENTRAFRICAINE - RÉPUBLIQUE DÉMOCRATIQUE DU CONGO - SAO TOMÉ ET PRÍNCIPE - SÉNÉGAL - SIERRA LEONE - TOGO

Bienvenue au cœur de l'Afrique, terre de forêts denses et de fleuves majestueux. Si certaines régions abritent mines et puits de pétrole, de nombreux habitants souffrent de la pauvreté et des conflits.

Il y a bien longtemps, les peuples qui vivaient à proximité des fleuves Niger et Congo se sont disséminés sur tout le continent. Leurs masques et sculptures sont devenus des emblèmes de l'art africain, prisés dans le monde entier.

L'Afrique centrale se caractérise par sa chaleur et son humidité. Les orages y sont courants et les pluies alimentent les eaux rejoignant le Congo sur son long tracé jusqu'à l'Atlantique. Les vastes forêts de la région du Congo s'étendent jusqu'en Afrique de l'Ouest mais, vers le nord, elles cèdent la place à la savane, d'abord boisée puis herbeuse, et finalement aux plaines sableuses.

MASQUE RITUEL, CAMEROUN

FORÊTS DE NUAGES
Humidité et chaleur constantes, brumes permanentes caractérisent les flancs de certaines montagnes d'Afrique centrale couvertes de forêts verdoyantes.

JEUNE GORILLE DES PLAINES, GABON

FLEUVES ET PRÉCIPITATIONS

Avec ses **4 700 km**, le Congo est le plus long fleuve de la région. Par endroits, c'est aussi le plus profond avec plus de **220 m** de fond. Il a donné son nom au **Congo** sur sa rive nord et à la **République démocratique du Congo** (RDC) sur sa rive sud • N'oublie pas d'emporter un parapluie pour visiter Debundscha, près du mont Cameroun – c'est l'endroit le plus humide d'Afrique avec une pluviométrie de **10 299 mm** par an (soit plus de 10 mètres !).

LACS DANGEREUX

Trois lacs d'Afrique centrale présentent un danger mortel ! Les lacs Nyos (ci-contre), Monoun et Kivu se remplissent de gaz volcanique souterrain qui peuvent entraîner explosions ou nuages toxiques mortels.

? **QUI SUIS-JE ?**

Je change de couleur, roule des yeux et peux attraper une mouche d'un coup de ma longue langue.

RÉPONSE : le caméléon

Qui sont-ils ?

De nombreux peuples vivent dans cette région : **Wolof**, **Peuls**, **Éwé**, **Fon**, **Akan**, **Igbo**, **Haoussa**, **Yoruba**, **Kongo**, **Louba**. Ils habitent de grandes villes ou des villages reculés. Ils sont chrétiens, musulmans ou animistes. Dans les forêts tropicales, les Baka et les Mbuti pratiquent encore la chasse et la cueillette.

La **forêt tropicale du Congo** est la deuxième en taille au monde, avec une superficie de **1 800 000 km²**.

Les enfants de Kinsuka

Découvertes par David Livingstone, les chutes Livingstone (surnommées aussi le "couloir") sont en réalité des rapides sur le fleuve Congo qui courent sur 350 km jusqu'à la grande et bruyante Kinshasa, capitale de la République démocratique du Congo. Des enfants du quartier de Kinsuka ont pris l'habitude de venir s'y baigner au milieu des remous.

La **RDC** (République démocratique du Congo) est le plus grand pays de la région avec **2 345 409 km²** (plus de 4 fois la France)

Au Nigeria, lors du **festival de Durbar,** des cavaliers en costume traditionnel paradent en l'honneur du souverain local.

100% AFRIQUE CENTRALE ET DE L'OUEST

Proverbe sénégalais : **Sahha kënz ihahayaat.** "La santé est un trésor."

"SALUT !" EN YORUBA :
"Kaabo !"

EN-CAS FAVORI :
Chips d'igname

PAYS LE PLUS PROSPÈRE :
Nigeria, grâce au pétrole

MEILLEURES ÉQUIPES AU FOOT :
Nigeria, Ghana, Cameroun

PLUS PETIT PAYS DU CONTINENT AFRICAIN :
Gambie : 10 689 km^2, soit à peu près la superficie du département de la Gironde

DRÔLE DE MOLLUSQUE :
L'escargot géant africain du Ghana est le plus gros au monde

ESPÈCES UNIQUES :
3 300 plantes n'existent que dans la forêt du Congo

FESTIVAL EYO :
Danseurs déguisés à Lagos, au Nigeria

FLEUVE LE PLUS LONG D'AFRIQUE DE L'OUEST :
Niger (4 180 km)

2/3

Les **deux tiers** de la production mondiale de **cacao** viennent d'Afrique de l'Ouest.

Le cuivre et le cobalt de RDC servent à la fabrication des **téléphones portables**. Des enfants de 6-7 ans travaillent dans les mines.

Les minerais encore inexploités de RDC valent des milliards de dollars : cobalt, diamants, or, cuivre et tungstène.

Au **Ghana**, les **Akan** appellent souvent leurs enfants du nom du jour de la semaine où ils sont nés. Le prénom "Kwasi" signifie ainsi "dimanche".

En Afrique de l'Ouest, une **noix de kola** s'offre en signe d'amitié ou d'hospitalité.

Le **Nigeria**, surnommé **"Nollywood"**, est le principal producteur de films en Afrique.

La **vipère du Gabon** possède les plus longs crochets (**5 cm**) de tous les serpents venimeux.

AFRIQUE AUSTRALE

AFRIQUE DU SUD - ANGOLA - BOTSWANA - LESOTHO - MADAGASCAR - MALAWI - MAURICE - MOZAMBIQUE - NAMIBIE - RÉUNION - SWAZILAND - ZAMBIE - ZIMBABWE

Le jour se lève en Afrique australe. Un jeune ouvrier arrive sur un terminal pétrolier du port de Beira, au Mozambique. En Angola, des femmes récoltent des pommes de terre, leur bébé dans le dos. Sur un marché du Malawi, des marchandes vendent des bananes. Des infirmières vont s'occuper de malades dans un hôpital de Lusaka, en Zambie.

Le continent africain se rétrécit en avançant vers le sud, où la montagne de la Table surplombe Le Cap et l'océan. L'Afrique australe abrite des forêts tropicales, des steppes, des déserts et des montagnes comme le Drakensberg en Afrique du Sud. Ici coulent le Zambèze, l'Okavango (ou Cubango), le Limpopo et l'Orange, et s'étirent les terres parcheminées des déserts du Kalahari et du Namib.

VENDANGES DANS LE CAP-OCCIDENTAL, AFRIQUE DU SUD

VILLE AUSTRALE
En Afrique du Sud, la ville du Cap s'étend le long de la baie de la Table et à proximité du cap de Bonne-Espérance. Elle compte 3,7 millions d'habitants.

CHUTES VICTORIA (MOSI-OA-TUNYA) À LA FRONTIÈRE DE LA ZAMBIE ET DU ZIMBABWE

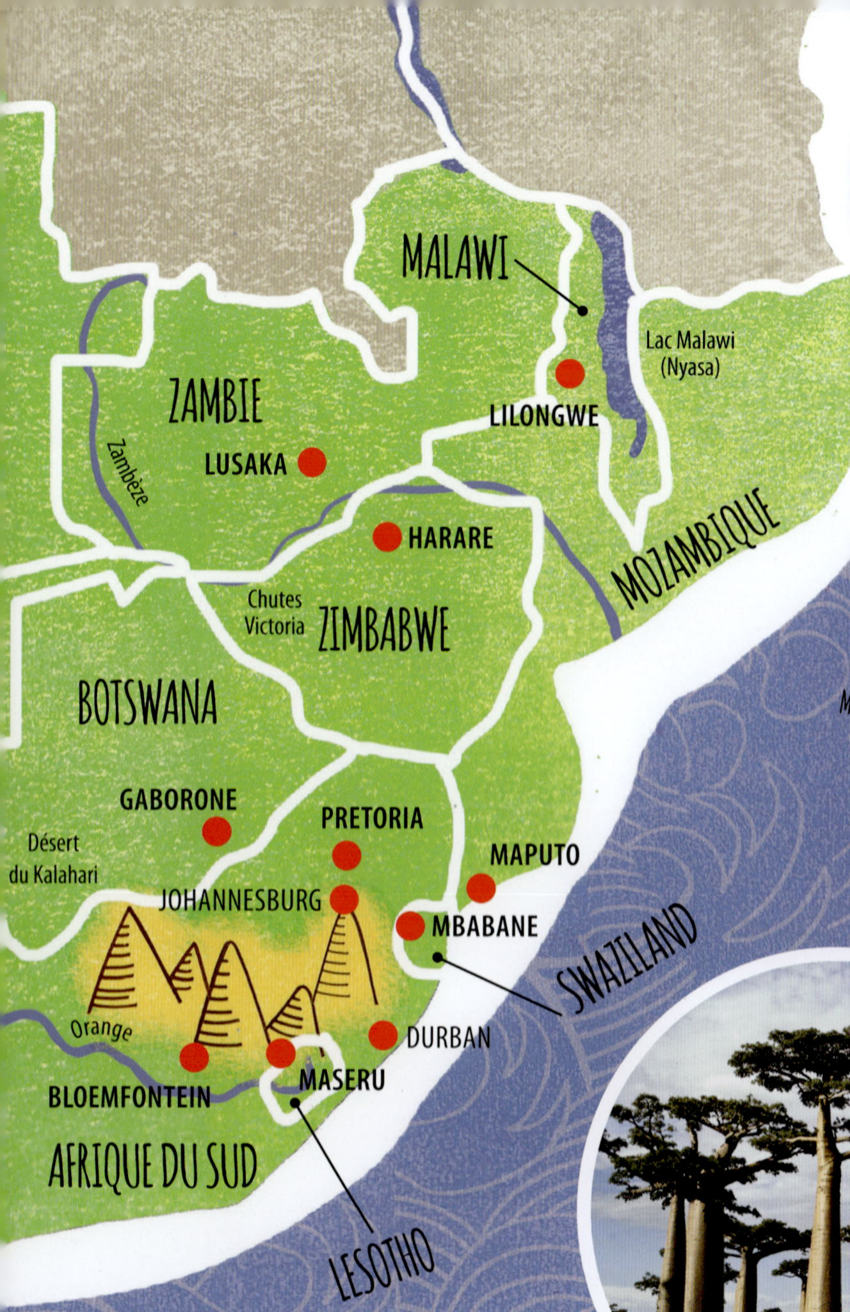

ZÈBRES À UN POINT D'EAU

ALLÉE DES BAOBABS, AUX PORTES DE MORONDAVA, MADAGASCAR

RECORDS À BATTRE

Madagascar, dont la superficie est de **587 713 km²** (un peu plus que la France), est la plus grande île d'Afrique et la quatrième de la planète. Elle abrite 200 000 espèces animales connues, dont beaucoup ne sont présentes qu'à Madagascar • S'étendant à la fois en Afrique du Sud, au Mozambique et au Zimbabwe, le Great Limpopo Transfrontier Park est une immense réserve faunique de **35 000 km²** • Le lac Malawi (Nyasa) appartient aux Grands Lacs. Il est le plus austral de tous. Il abriterait plus d'**espèces de poissons** que tout autre lac au monde.

CHAUD ET FROID

Quand les courants froids venus de l'océan rencontrent le désert du Namib (Namibie), la brume enveloppe les dunes.

QUI SUIS-JE ?

Je suis très dur, scintillant et je peux valoir des milliers d'euros.

RÉPONSE : le diamant

QUI SONT-ILS ?

Les plus anciens habitants de la région sont les **Bochimans**. Mais on rencontre aussi d'autres groupes ethniques, comme les **Herero,** les **Tswana,** les **Ndébélé,** les **Shona,** les **Zoulous** et les **Xhosa**. En Afrique du Sud vivent également des **Afrikaners** et d'autres populations d'origine **européenne** ou **asiatique**.

Le rhinocéros blanc le plus lourd jamais observé pesait **4,5 tonnes**.

BALADE À SOWETO

Banlieue tentaculaire de Johannesburg, Soweto compte près d'un million d'habitants. Il y a trente ans, en Afrique du Sud, les Noirs et les Blancs n'avaient pas le droit de vivre dans les mêmes quartiers. Les choses ont changé aujourd'hui. Soweto s'est embellie et est devenue une banlieue dynamique en matière de musique, de danse, de foot et de mode.

Enfants de **Soweto, à Johannesburg,** s'amusant sur des balançoires.

100% AFRIQUE AUSTRALE

Sur le **braai,** le **barbecue** sud-africain, on grille des steaks, des saucisses, du poulet ou des produits de la mer.

À **Madagascar** pousse une fleur jaune odorante appelée **ylang-ylang**, dont on extrait une huile utilisée en parfumerie.

"SALUT !" EN ZOULOU :
"Sawubona !"

SNACK DE DURBAN (AFRIQUE DU SUD) :
Bunny chow (miche de pain garnie de curry de viande ou de haricots chauds)

TOMBES ANCIENNES :
Ruines du Grand Zimbabwe, vieilles de 800 ans

MINE DE DIAMANTS :
Orapa, au Botswana, est l'une des plus grandes

CAMOUFLAGE IDÉAL :
Les lithops sont des plantes qui ressemblent à des pierres

SAUT EN HAUTEUR :
Le springbok (antilope) peut faire des bonds de 4 mètres de haut

FLEUVE FANTÔME :
L'Okavango (ou Cubango) s'évapore avant d'atteindre la mer

Certaines espèces de **lémuriens** ne se rencontrent qu'à **Madagascar**. Les plus petits spécimens ne pèsent que **30 g**, mais les plus gros peuvent atteindre **9 kg**. Certains ne sortent que de nuit. Leur nom est un dérivé du mot "fantôme" !

L'Afrique du Sud tire une partie de ses revenus de l'extraction des diamants et de l'or.

Mponeng, en Afrique du Sud, est la mine d'or la plus **profonde** au monde puisqu'elle plonge à **4 km** sous terre.

Des bijoux vieux de **75 000 ans** ont été retrouvés dans la grotte de Blombos, en **Afrique du Sud**.

Les colliers étaient fabriqués en coquilles d'escargot.

LÉGENDE

1 Shipwreck Galleries (Western Australian Museum) **2** Kangourou **3** Purnululu National Park **4** Méduse **5** Grande Barrière de corail **6** Koala **7** Uluru **8** Eucalyptus **9** Opéra de Sydney **10** Kiwi

Superficie : 8 600 000 km²
Rang : 7e et plus petit continent
Habitants : 37 millions en 2013

L'Océanie s'étend sur de nombreux fuseaux horaires : lorsqu'il est midi en Nouvelle-Calédonie, il est 9h du matin à Perth, à l'ouest de l'Australie, et 19h sur l'île de Pâques, à l'extrémité est du continent.

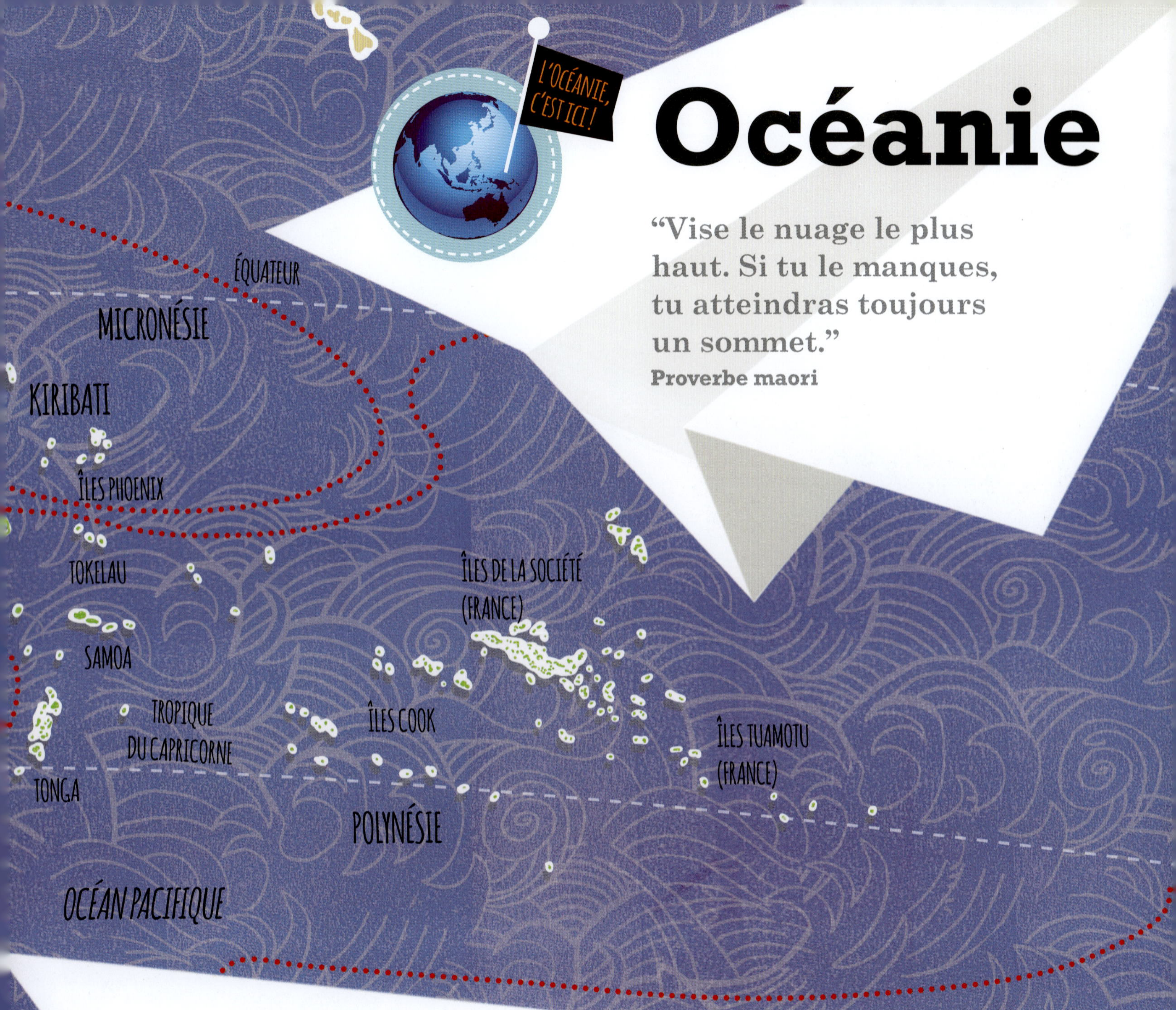

Océanie

"Vise le nuage le plus haut. Si tu le manques, tu atteindras toujours un sommet."
Proverbe maori

Continent mystérieux à l'autre bout du monde, l'Océanie exerce sur nous un attrait à part, peut-être en raison de l'exotisme de ses paysages.

Avant-dernier continent en nombre d'habitants, l'Océanie est habitée depuis la nuit des temps par des populations autochtones. Les Européens y ont posé le pied il y a moins de trois siècles seulement. Une grande partie de la faune et de la flore de ces contrées ne se rencontre pas ailleurs à l'état naturel. Et certaines des espèces animales et végétales nous paraissent vraiment insolites !

Le désert compose une grande partie de l'Océanie, mais on y trouve aussi des forêts tropicales, des volcans et des prairies sèches. Ses îles sont pour beaucoup volcaniques ou coralliennes ; quelques-unes sont couvertes de montagnes ou de forêts. Certains paysages semblent venir d'une autre planète, tandis que les habitants entretiennent les mythes sur l'origine de leur présence. Entre ses curieux champignons, ses kangourous et ses arbres qui semblent avoir été plantés à l'envers, l'Océanie se révèle une région du monde fascinante.

Océanie

L'Océanie est un continent insulaire, qui compte environ 25 000 îles réparties sur une surface de l'océan Pacifique plus vaste que toute l'Asie. La plupart de ces îles sont minuscules et correspondent au sommet de montagnes sous-marines. Seul un millier d'entre elles sont occupées par des hommes. Une grande partie des habitants du Pacifique vivent encore de la pêche et de l'agriculture, ou bien du commerce entre îles, se déplaçant à bord de voiliers en bois. Mais nombre d'entre eux travaillent aussi dans des secteurs plus modernes, comme le tourisme ou l'extraction minière.

La **côte est** de l'**Australie** s'étire sur **6 853 km**

Guêpier arc-en-ciel, Papouasie-Nouvelle-Guinée

Grande barrière de corail

Glacier Fox, Nouvelle-Zélande

Mont Taranaki, Egmont National Park, Nouvelle-Zélande

Drôle de monde

Dans l'hémisphère Sud, les mois de juin, de juillet et d'août correspondent à l'hiver. L'été a lieu en décembre, janvier et février • L'Océanie englobe l'Australie, la Nouvelle-Zélande (bien que celle-ci ne se situe pas sur le même plateau continental), la Nouvelle-Guinée, la Tasmanie et plusieurs milliers de petites îles • Le continent est à cheval sur la ligne internationale de changement de date, ce qui signifie que lorsque c'est dimanche matin pour les enfants à l'est de cette ligne (à Tahiti par exemple), c'est lundi matin à l'ouest (en Nouvelle-Calédonie par exemple) et il faut donc reprendre le chemin de l'école. C'est vraiment trop injuste, n'est-ce pas ?

Le Top 10 de l'Océanie

Grande Barrière de corail
Plus grand récif corallien au monde

Grand Désert de Sable
Deuxième désert d'Australie par la superficie

Lali (Fidji)
Tambour fabriqué dans le tronc évidé d'un feuillu local

Sydney
Première colonie européenne en 1788

Opéra de Sydney
Composé de trois groupes de voûtes

Perth
Capitale de l'Australie-Occidentale

Uluru
Immense formation de grès rouge culminant à 350 m de hauteur

Rugby
L'équipe néo-zélandaise, les All Blacks, a remporté les Coupes du Monde de 1987 et de 2011

Kiwi
Symbole national de la Nouvelle-Zélande

Célébrités océaniennes

Les acteurs **Mia Wasikowska** et **Hugh Jackman (à g.)** (*Wolverine*) sont Australiens, tout comme le réalisateur **Baz Luhrmann**. Le physicien **Ernest Rutherford (à d.)** et l'alpiniste **Edmund Hillary** étaient quant à eux Néo-Zélandais. Le groupe de rock **AC/DC** a vu le jour en Australie, tout comme la chanteuse pop **Kylie Minogue**. **Taz**, le personnage de dessin animé, est originaire de Tasmanie.

Australie et Papouasie-Nouvelle-Guinée

Territoire immense, l'Australie est réputée pour sa faune exceptionnelle, qui comporte notamment des marsupiaux (mammifères à poche ventrale), comme le kangourou ou le wallaby, et l'émeu, proche de l'autruche. Les habitants sont réputés aimer la vie au grand air ; le sport et les barbecues sur la plage figurent parmi leurs passe-temps favoris.
La Papouasie-Nouvelle-Guinée occupe la moitié est de l'île de Nouvelle-Guinée (l'autre moitié appartient à l'Indonésie) et comprend d'autres petites îles. Ces îles ont été découvertes par des explorateurs espagnols et portugais au XVIe siècle. Le nom "papou", choisi par un explorateur portugais, signifie "cheveux crépus" en malais. Plus tard, les Espagnols ont appelé l'île Nouvelle-Guinée car ses habitants leur rappelaient ceux de Guinée, en Afrique.

Les Trois Sœurs, Blue Mountains, Australie

Wave Rock, Australie

Grande Barrière de corail, si vaste qu'on l'aperçoit de l'espace

Opéra de Sydney

TENUE TRADITIONNELLE EN PAPOUASIE-NOUVELLE-GUINÉE

L'ÉMEU, PRESQUE AUSSI GRAND QUE L'AUTRUCHE

LE SYDNEY HARBOUR BRIDGE

RECORDS À BATTRE

Sydney, la plus **grande ville** d'Australie, est célèbre pour son Opéra et son pont en arc – le Sydney Harbour Bridge, 5ᵉ pont en arc du monde par la longueur et pont le plus large au monde (**49 m**) ! • La Nouvelle-Guinée est la deuxième île de la planète par la superficie (derrière le Groenland ; l'Australie est officiellement un continent et non une île) • Elle est habitée depuis **50 000** ans et l'on y parle environ **850** langues • La **plus petite ville** d'Australie (Cooladdi, au Queensland) abrite un motel, une gare ferroviaire et un restaurant, mais juste quatre habitants !

ART ABORIGÈNE

En Australie, l'artisanat et l'art traditionnels prennent des formes multiples : peinture sur feuille d'arbre, sculpture sur bois, écorce ou roche, fabrication de tenues de cérémonie ou de bijoux, vannerie, peinture rupestre ou sur sable. Les œuvres illustrent souvent un mythe ou une légende. Si l'histoire est secrète ou personnelle, seul un artiste de la famille concernée peut la représenter.

PEINTURE ABORIGÈNE

QUI SUIS-JE ?

J'adore grimper dans les arbres et grignoter des feuilles d'eucalyptus. Je suis mignon, mais je mords !

RÉPONSE : le koala

QUI SONT-ILS ?

Les **Aborigènes**, les premiers habitants, se sont établis en Australie il y a 40 000 ans. Aujourd'hui, la majorité des Australiens sont des descendants d'Européens qui ont colonisé les terres au **XVIIIe siècle** ou sont arrivés plus récemment. Les habitants de Papouasie-Nouvelle-Guinée sont essentiellement Mélanésiens, Papous, Négritos (Pygmées), Micronésiens et Polynésiens.

À **4 509 m** d'altitude, le **mont Wilhelm** est le plus haut sommet de Papouasie-Nouvelle-Guinée et de toute l'Océanie

La Papouasie-Nouvelle-Guinée, proche de l'**équateur**, affiche des températures élevées. Pourtant, on aperçoit parfois de la **neige** sur le mont Wilhelm.

SING-SING DES PAPOUS

Durant la fête de l'Indépendance (16 septembre) de la Papouasie-Nouvelle-Guinée a lieu le Sing-Sing : une fête qui réunit une centaine de tribus pour des danses et des chants traditionnels. Des guerriers en parure, maquillés et coiffés de plumes dansent au rythme des tambours kundu, pendant que les Mudmen (hommes de boue) d'Asaro affichent un air menaçant.

Jusque dans les années 1950, le **cannibalisme** et la **chasse à l'homme** étaient semble-t-il encore pratiqués en Papouasie-Nouvelle-Guinée.

20% de la population australienne vit à Sydney

100% AUSTRALIEN

À DIRE :
Beaut, *beudy*, *bonzer*, *ripper*
(qui veulent tous dire "bien" en australien)

SURNOMS :
Oz et Aussie désignent l'Australie, ses habitants ou ce qui est australien

CÉLÈBRE POUR :
Ses habitants sportifs

MOINS CÉLÈBRE POUR :
Les bagnes d'Australie

ANIMAUX DANGEREUX :
Requins, araignées et serpents venimeux, crocodiles, kangourous

SPORTS :
Football australien (ou *footy*), rugby, surf

EMPLOI :
Guide dans l'Outback australien

LOISIR :
Sorties dans le *bush*

CUISINE :
Tourte à la viande, viande de kangourou

6 500 personnes s'expriment en langue des signes australienne (auslan). Voici comment on dit "auslan" en auslan :

À l'arrivée des Européens, **400** dialectes aborigènes étaient parlés en Australie.

Seuls **70** sont encore utilisés, dont une quarantaine sont menacés d'extinction.

L'un des seuls oiseaux venimeux au monde, le **Pitohui bicolore**, ne vit qu'en Papouasie-Nouvelle-Guinée.

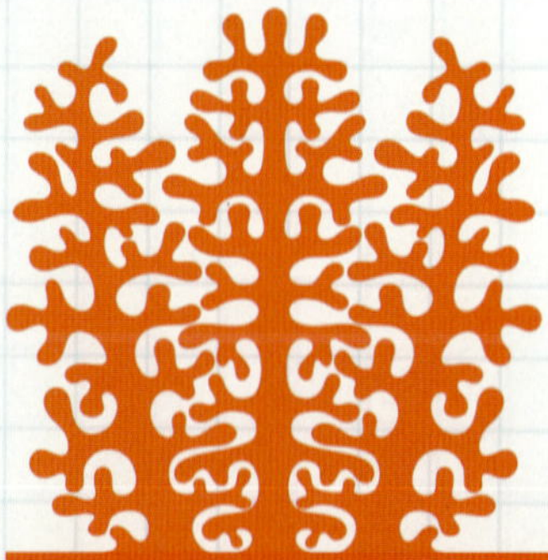

S'étirant sur **2 000 km**, la **Grande Barrière de corail** est le plus long récif corallien au monde.

Les premières pommes **Granny Smith** venaient de **Sydney**.

Les premiers peuples sont arrivés en Australie et en Papouasie-Nouvelle-Guinée il y a 50 000 ans.

L'Australie compte 20 serpents venimeux, dont le redoutable taïpan du désert. Le venin injecté en une seule morsure peut tuer plusieurs personnes. On le croise rarement, ouf !

Nouvelle-Zélande et îles du Pacifique

La Nouvelle-Zélande se compose essentiellement de deux îles montagneuses du Pacifique, l'île du Nord et l'île du Sud. Ces terres offrent de superbes paysages : rivages rocheux, étendues luxuriantes, volcans, sommets enneigés. Les seuls mammifères à avoir atteint la Nouvelle-Zélande sans contribution humaine sont les chauves-souris ! Les oiseaux et les insectes ont par conséquent proliféré sur ces îles où, en l'absence de prédateurs, de nombreux volatiles, comme le kiwi et le moa (aujourd'hui disparu), ne volent pas. Les langues parlées incluent, outre l'anglais, le samoan, le français, l'hindi et le chinois. Les Néo-Zélandais aiment le sport, surtout le rugby et le cricket. Si l'extrême nord du pays jouit d'un climat subtropical en été, il peut faire très froid en hiver dans le sud. La plupart des habitants se concentrent aux abords du littoral, où la température est douce. Les îles du Pacifique jouissent d'un climat tropical.

Lagon de Bora Bora, Polynésie française

VOLCAN SOUS LES FLOCONS
Le sommet enneigé du mont Taranaki, volcan endormi, dans les nuages de Nouvelle-Zélande.

Barrière de corail, îles Fidji

Sculpture sur bois maori, Nouvelle-Zélande

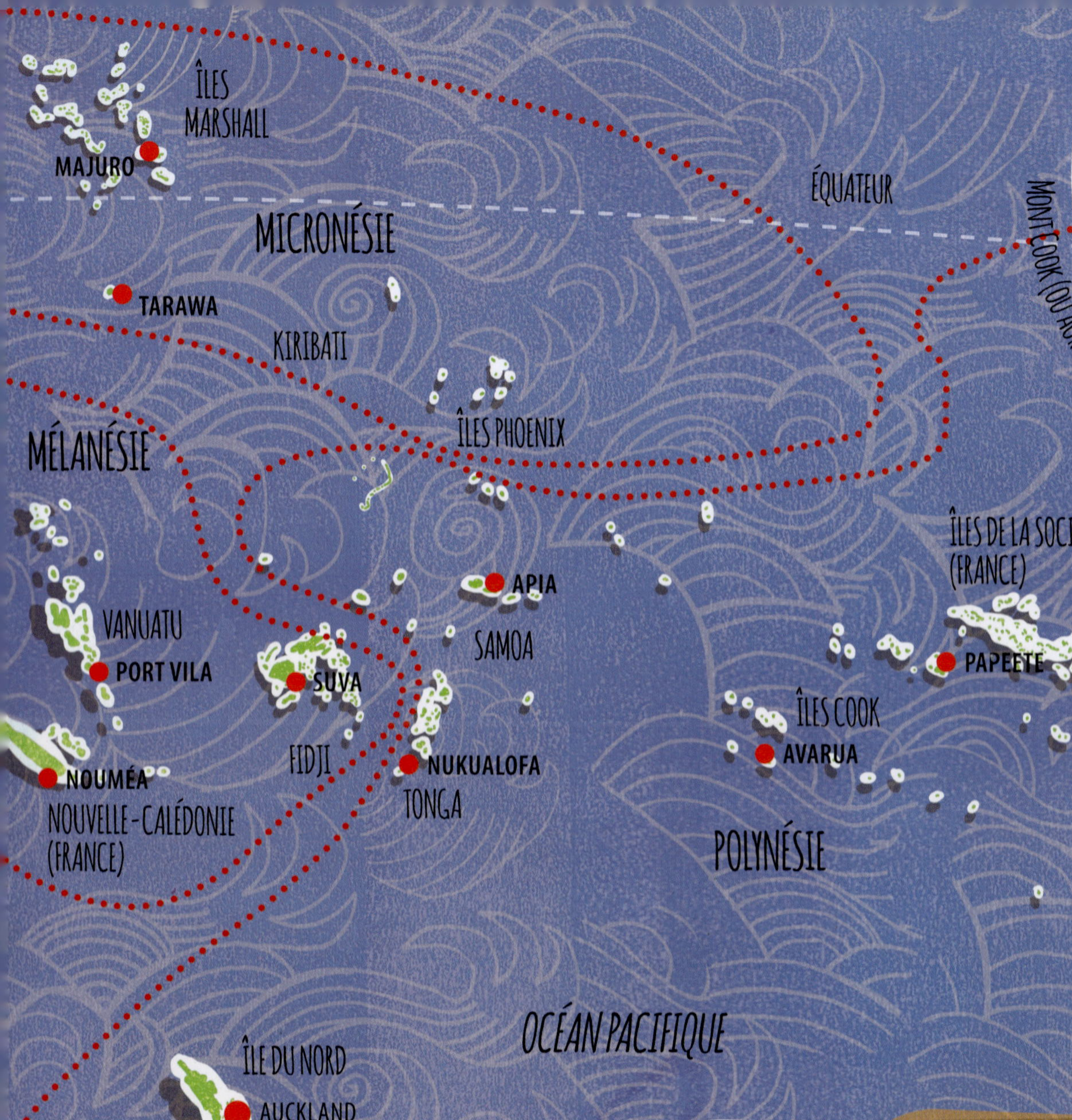

MONT COOK (OU AORAKI), ÎLE DU SUD, NOUVELLE-ZÉLANDE

PETIT KIWI

Le kiwi est l'emblème de la Nouvelle-Zélande. Cet oiseau timide n'est pas plus gros qu'une poule, mais chacun de ses œufs peut atteindre le quart du poids de la mère !

DRÔLES DE FAITS

Inaugurée en 1997 à Auckland, la Sky Tower est la plus haute tour de l'hémisphère Sud avec ses **328 m** • La ligne de changement de date internationale traverse l'île de Taveuni aux Fidji : tu peux avoir un pied dans la journée d'aujourd'hui, et l'autre dans celle d'hier ! • Le saut à l'élastique est né à Vanuatu, où les hommes d'une tribu s'attachaient des lianes autour des chevilles pour s'élancer dans le vide.

SKY TOWER, AUCKLAND, NOUVELLE-ZÉLANDE

JONGLEURS DE FEU À AUCKLAND

QUI SONT-ILS ?

Les premiers peuples à s'installer en Nouvelle-Zélande furent les **Maoris**, autour du XIIIe siècle. Ils baptisèrent ces terres **Aotearoa** : "pays du long nuage blanc". Puis des géographes néerlandais l'appelèrent **Nieuw Zeeland**, d'après une région des Pays-Bas. Après la découverte des îles par James Cook en 1769, les Britanniques s'y installèrent et signèrent un traité avec plus de **500 chefs maoris**, issus de diverses tribus. Le traité conférait à la couronne d'Angleterre pleine souveraineté sur la Nouvelle-Zélande et les Maoris se voyaient reconnaître certaines garanties. Mais ces promesses furent vite bafouées et il en résulta de violents conflits. La Nouvelle-Zélande attire toujours de nombreux immigrants, notamment des pays asiatiques voisins.

La **Nouvelle-Zélande** fut le premier pays à accorder le droit de vote aux **femmes**, en **1893**

DRÔLE DE PARFUM

La ville de Rotorua, proche de la Bay of Plenty sur l'île du Nord en Nouvelle-Zélande, dégage une odeur pestilentielle ! Sa puanteur s'explique par le soufre provenant de ses multiples geysers, sources chaudes et bassins de boue. On trouve ici la plus grande cascade d'eau chaude de l'hémisphère Sud : Tikitere (Porte de l'Enfer).

Le **Waitangi Day**, le 6 février, est la fête nationale néo-zélandaise, qui commémore la signature du traité entre Britanniques et Maoris. À cette occasion, de nombreuses communautés pratiquent le kapa haka, une danse traditionnelle maori.

100 % NÉO-ZÉLANDAIS

"SALUT !" EN MAORI :
"Kia ora !"

CÉLÈBRE POUR :
Ernest Rutherford, chimiste et père de la physique nucléaire

MOINS CÉLÈBRE POUR :
Le saut à l'élastique (le premier saut "commercial" a eu lieu du haut du Kawarau Bridge à Queenstown, en 1988)

FAUNE :
Le plus petit dauphin marin au monde, le dauphin d'Hector, ne dépasse pas 1,5 m de long et ne vit que dans les eaux néo-zélandaises

SERPENTS :
Pas un seul en Nouvelle-Zélande !

ALIMENT MAGIQUE :
Les moules vertes de Nouvelle-Zélande, qui guériraient l'arthrose

FÊTE :
Waitangi Day

86%
des Néo-Zélandais habitent en ville. Là-bas aussi le temps des paysans est fini.

25%
des volcans de la planète se trouvent dans la Ceinture de feu du Pacifique.

La **Nouvelle-Zélande** possède plus de terrains de **golf** par habitant que tout autre pays.

Le **rugby** est le sport le plus prisé de Nouvelle-Zélande. Tout le monde ou presque défend l'équipe nationale, les **All Blacks**.

Les îles néo-zélandaises sont apparues il y a **23** millions d'années sous l'effet de l'activité volcanique.

Les **Néo-Zélandais** sont surnommés les "**Kiwis**", à cause de leur oiseau emblématique.

70 g
Le weta géant (une sorte de sauterelle), que l'on trouve en Nouvelle-Zélande, est l'un des plus gros insectes.

La Nouvelle-Zélande exporte de l'agneau, du beurre et du vin. La pêche joue aussi un rôle économique important.

Le mont Cook (ou Aoraki), plus haut sommet de Nouvelle-Zélande (**3 754 m**), fait partie du Te Wahipounamu, une vaste zone du sud-ouest de l'île du Sud inscrite sur la liste du patrimoine mondial par l'Unesco.

L'industrie touristique est la première de **Nouvelle-Zélande** avec **2 millions** de visiteurs chaque année.

Antarctique

"Dans cet univers sans repère, sans odeur, sans couleur autre que le bleu et le blanc, sans bruit autre que celui du vent (...) l'homme n'a pas d'autre issue que d'apprendre à s'apprivoiser lui-même."

Jean-Louis Etienne

L'Antarctique offre des paysages immaculés de toute beauté. On n'y aperçoit guère de faune ni de flore, même en été, et, l'hiver, seuls les manchots mâles y demeurent pour couver les œufs pendant que les femelles vont chercher à manger. Nul n'habite ici de façon permanente, mais des bases scientifiques y sont implantées, où des chercheurs passent de trois mois à deux ans. On croise de temps en temps quelques visiteurs, touristes ou explorateurs.

Continent en permanence recouvert de glace ou de neige, l'Antarctique est aussi balayé par les vents. Des tempêtes de neige s'y abattent parfois, empêchant toute visibilité. On n'y trouve ni arbre ni arbuste, uniquement des mousses, des lichens et des algues, une rare fleur en été. Dans les eaux de l'océan Antarctique évoluent manchots, phoques et baleines qui se nourrissent de poissons et de plancton.

Il y a tant de glace en Antarctique que le poids de celle-ci enfonce peu à peu le sol. Si toute la glace fondait, le continent s'élèverait d'environ 500 m... mais cela lui prendrait 10 000 ans !

LÉGENDE
1 Calmar **2** Otarie à fourrure antarctique **3** Léopard de mer **4** Des stations de recherche du monde entier sont disséminées partout **5** Sagine antarctique **6** Manchot empereur **7** Éléphant de mer **8** Station de recherche McMurdo **9** Petit rorqual **10** Borne indiquant le pôle Sud

Superficie : 14 millions de km^2
Rang : 5e continent par la superficie
Habitants en été : Environ 4 000 scientifiques
Habitants en hiver : Environ 1 000 scientifiques

MER DE WEDDELL
Terre de la Reine-Maud
Terre Enderby
Terre Kemp
Banquise de Ronne
Terre de la Princesse-Élisabeth
Plateau polaire
Antarctique oriental
Terre Guillaume II
Antarctique occidental
Monts Transantarctiques
Terre de la Reine-Mary
Banquise de Ross
Terre Marie-Byrd
Terre de Wilkes
Mont Erebus
Terre Victoria
Terre Adélie
OCÉAN INDIEN
1
2
3
4
4
6
7
8
9
10

ANTARCTIQUE, TERRE DE SCIENCE

Les scientifiques effectuent ici toutes sortes de travaux de recherche. Ils étudient la manière dont le corps et le cerveau s'adaptent au grand froid. Ils prélèvent des carottes de glace pour retracer l'histoire du continent, ils s'intéressent aux manchots et aux poissons, et ils étudient aussi les phénomènes climatiques, les glaciers et les astres. C'est l'endroit parfait pour rechercher des météorites, qui sont bien visibles dans la neige !

BASE SCIENTIFIQUE ALLEMANDE

L'**Antarctique** fut le dernier continent découvert, en **1821**, par le chasseur de phoques américain John Davis, qui débarqua dans l'Hugues Bay.

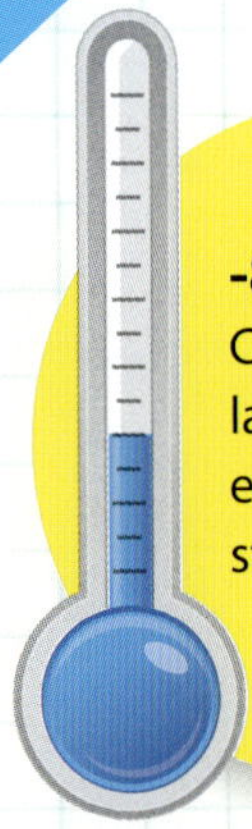

-89,6°C
C'est la température la plus basse jamais enregistrée, par la station russe Vostok.

PREMIERS EXPLORATEURS
Le Norvégien Roald Amundsen et ses compagnons furent les premiers à atteindre le pôle Sud en 1911.

L'Antarctique enregistre **50 mm** de précipitations par an, surtout de la neige.

Le soleil se lève au pôle Sud le 21 septembre de chaque année, pour se coucher le 21 mars de l'année suivante.

AUX ANTIPODES

Si l'Antarctique est un continent, son opposé au nord, l'Arctique, se compose de l'océan du même nom entouré de terres appartenant à différents pays. Durant une longue période de l'année, l'océan Arctique est en grande partie gelé et la glace est si épaisse qu'hommes et animaux peuvent la fouler.

LE MANCHOT EMPEREUR VIT EN ANTARCTIQUE. IL PEUT ATTEINDRE UN MÈTRE, CE QUI EN FAIT LE PLUS GRAND DES MANCHOTS.

BLOCS DE GLACE

Les glaciers de l'Antarctique sont en mouvement constant : la banquise se brise sans cesse, provoquant d'immenses crevasses. Des icebergs apparaissent le long des côtes, avant que des barrières de glace ne se détachent et s'effondrent dans l'océan.

ÉLÉPHANT DE MER

87%

des réserves de **glace** de la planète se trouvent en **Antarctique**.

SPÉCIAL GRAND FROID

En raison du froid extrême et du vent, les visiteurs de l'Antarctique doivent enfiler plusieurs couches de vêtements : un premier vêtement léger près du corps pour absorber la transpiration, puis deux ou trois épaisseurs isolantes à ôter lorsque l'on se réchauffe. Deux paires de gants et de chaussettes sont indispensables !

RECORDS À BATTRE

Avec **11 000 km²** au-dessus de l'eau (et dix fois plus sous l'eau), le plus gros iceberg à ce jour s'est détaché de la banquise de Ross en 2000 • Sur Deception Island, au large de la péninsule Antarctique, on se baigne dans une eau réchauffée par un volcan ! • Le lac Vostok est un lac subglaciaire, c'est-à-dire situé sous la glace qui couvre le continent Antarctique : il se trouve à **4 000 m** de profondeur • Le mont Erebus est la plus haute montagne (**3 794 m**) de l'Antarctique et le volcan actif le plus au sud de la planète.

En 1959 a été adopté le **traité de l'Antarctique** (entré en vigueur en 1961) qui réglemente l'activité humaine sur le continent. Les pays signataires sont libres de mener des **expériences scientifiques**, mais ne doivent pas y installer de présence militaire.

?

QUI SUIS-JE ?

Je viens en Antarctique pour me reproduire. Mes ailes atteignent 3 m d'envergure et je peux vivre plus de 60 ans. On dit que je protège les marins.

RÉPONSE : l'albatros

Quizz du monde

1. Dans quel pays se trouve la **pyramide de Khéops** ?

....

2. Quel est le plus **gros mammifère terrestre** sur la planète ?

a) L'éléphant
b) La baleine bleue
c) Le crocodile du Nil

3. Quel est le plus **gros mammifère** sur la planète ?

a) L'éléphant
b) La baleine bleue
c) Le koala

4. Quelles sont les couleurs du **drapeau allemand** ?

....

5. Les **Aborigènes**, premiers habitants de l'Australie, sont arrivés sur le continent il y a combien d'années ?

....

6. En Éthiopie, **combien y a-t-il de mois** dans une année ?

....

7. Quels sont les océans qui s'étendent à **l'est et à l'ouest de l'Afrique** ?

....

8. Quel est le **plus grand désert chaud** du monde et sur quel continent se trouve-t-il ?

....

9. Comment s'appelle la capitale de l'**Égypte** ?

a) Nairobi
b) Cayenne
c) Le Caire

10. Quelles sont les couleurs du **drapeau tchadien** ?

....

11. Comment s'appelle le point situé le plus à l'est du **continent africain** ?

a) Jambe de l'Afrique
b) Pied de l'Afrique
c) Corne de l'Afrique

12. Quel est l'animal **le plus grand** au monde ?

a) L'autruche
b) La girafe
c) L'émeu

13. Quel est **le plus grand pays** d'Afrique ?

a) La République démocratique Congo
b) L'Algérie
c) Le Rwanda

14. Quelle est la **température la plus basse** jamais enregistrée ?

a) - 45,2°C
b) - 89,6°C
c) - 137,7°C

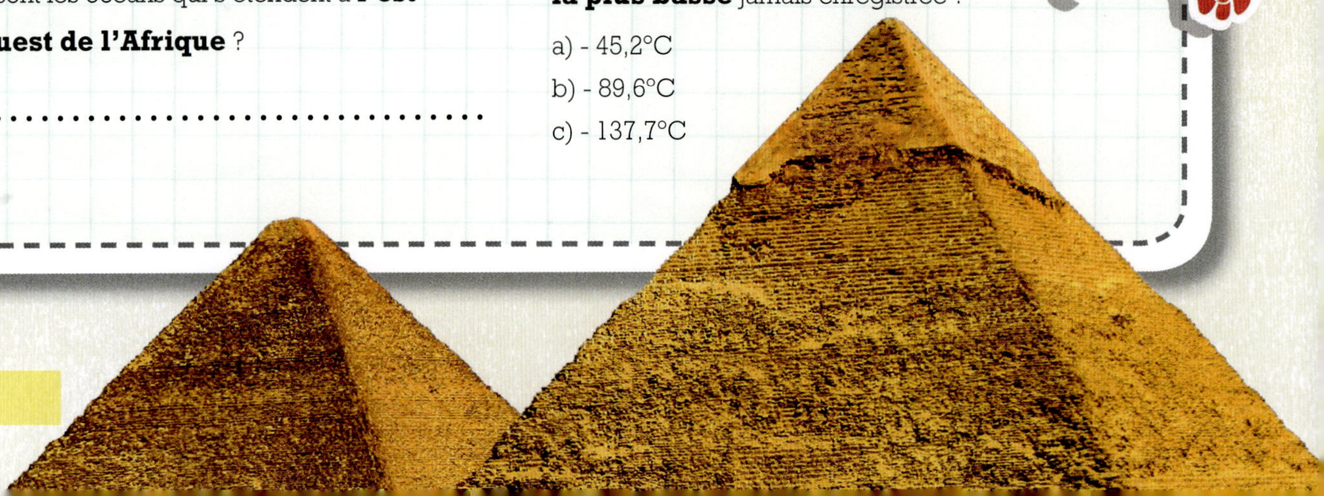

15. Combien existe-t-il d'espèces de **fourmis** ?

a) Plus de 14 000

b) Moins de 5 000

c) Plus de 100 000

16. Quel est le **plus grand pays** du monde ?

17. Le **Yangzi Jiang** est le plus long fleuve du monde. **Vrai ou faux ?**

18. Les **forêts tropicales** sont froides et humides. **Vrai ou faux ?**

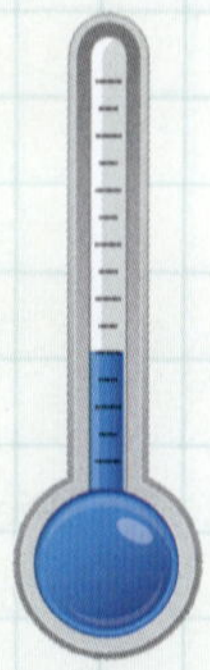

19. En **Indonésie**, la culture du riz se fait en terrasses. **Vrai ou faux ?**

20. Quelles sont les couleurs du **drapeau italien** ?

21. La planète **Terre** est la plus proche du Soleil. **Vrai ou faux ?**

22. Comment s'appelle l'État **australien** situé sur une île de l'autre côté du détroit de Bass ?

a) Le Queensland

b) Victoria

c) La Tasmanie

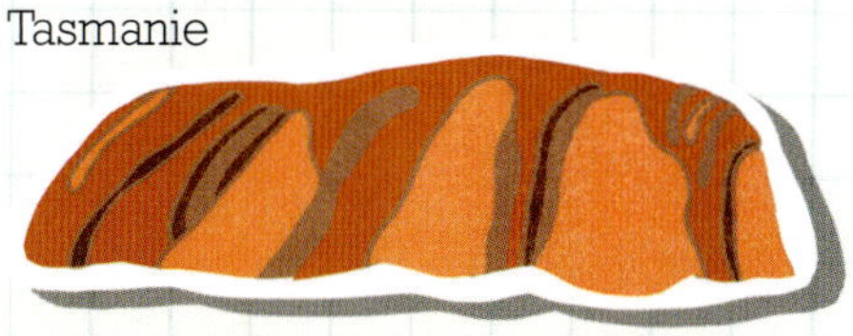

23. Combien y a-t-il de **saunas** en Finlande ?

a) 20 000

b) 200 000

c) 2 millions

24. Quelle est la capitale de l'**Australie** ?

25. Dans quel **pays** se trouvent les provinces de l'Ontario et du Québec ?

26. Dans quel pays vivaient les **Aztèques** ?

27. Comment s'appelle un **pont** permettant d'acheminer de l'eau ?

28. Les **chameaux et les lamas** sont des cousins éloignés. Qu'est-ce qui distingue le chameau ?

29. Le **Canada** est le deuxième pays du monde en superficie. **Vrai ou faux ?**

30. Les îles des **Antilles** sont parfois appelées les Indes occidentales. **Vrai ou faux ?**

31. Le **climat** s'observe sur le court terme et la météo sur le long terme. **Vrai ou faux ?**

32. Quel est le **plus grand** continent ?

33. Les **plaques tectoniques** se déplacent de 1,5 cm par an. **Vrai ou faux ?**

34. Où y a-t-il le plus de **tremblements de terre** ?

a) Près des limites des plaques tectoniques
b) Dans les pays chauds
c) Dans les pays froids

35. Combien existe-t-il d'**espèces d'éléphants** ?

36. Le **poisson-chat** possède de grandes écailles. **Vrai ou faux ?**

37. Que peut faire un **écureuil volant** ?

a) Voler
b) Sauter
c) Planer

38. Combien de **pattes** possèdent les insectes ?

a) 8
b) 12
c) 6

39. Quelle est la forme d'un terrain de **football australien** ?

40. Quelle est la capitale de l'**Allemagne**

41. Quel pourcentage d'un **iceberg** se trouve sous l'eau ?

42. Sur quel continent vit le **nandou** ?

43. Quelle est la capitale de l'**Inde** ?

44. Dans quel pays ont été inventés les **Lego** ?

45. Combien existe-t-il d'espèces de **chameaux** ?

46. Combien de bosses possède le **dromadaire** ?

47. Quelle est la capitale du **Luxembourg** ?

48. Sur quelle île de **Nouvelle-Zélande** se trouve sa capitale, Wellington ?

49. Quel **océan** est le plus vaste et le plus profond ?

....

50. Quelle est la cause principale des **marées** ?

....

51. Quel est le plus grand **invertébré** au monde ?

....

52. Où se sont déroulés les premiers **Jeux olympiques** ?

a) En Italie
b) En France
c) En Grèce

53. Quel est le **plus gros** oiseau au monde ?

a) L'autruche
b) L'émeu
c) Le casoar

54. Quelles sont les couleurs du **drapeau jamaïcain** ?

....

55. **L'autruche et l'émeu** ne peuvent ni voler ni nager. **Vrai ou faux ?**

....

56. Quelle est la couleur d'un **œuf de casoar** ?

....

57. Combien estime-t-on qu'il y a d'**îles dans le Pacifique** ?

a) 5 000
b) 15 000
c) 25 000

58. Dans quelle ville italienne est née la **pizza** ?

a) Naples
b) Rome
c) Florence

59. Que fabrique-t-on à partir de la **fève de cacao** ?

....

60. Quel est le plus **gros lézard** au monde ?

....

61. Dans quel pays se trouve le **Taj Mahal** ?

....

62. Quel pays est le plus gros exportateur au monde de **fausses dents** ?

....

63. Quel est le **dernier continent** à avoir été découvert ?

....

64. Combien de tonnes pesait le plus gros **rhinocéros blanc** ?

a) 0,5
b) 2
c) 4,5

65. À quel pays appartiennent les **îles Féroé** ?

....

66. Quels sont les deux océans reliés par le **canal de Panama** ?

....

67. Que possèdent les **requins et les raies** là où la plupart des autres poissons ont des os ?

a) Du cartilage
b) Des muscles
c) Des dents

68. Quel sport l'Écosse a-t-elle inventé ?

a) Le cricket
b) Le golf
c) Le rugby

69. Quel pays est célèbre pour le **flamenco** ?

....

70. Quel est le plus **gros poisson** des mers ?

....

71. Quel est le plus **long fleuve** d'Amérique du Sud ?

a) Les Andes
b) L'Aymara
c) L'Amazone

72. Sur quel continent se situent les villes de **Caracas, Bogotá et Brasilia** ?

a) Europe
b) Amérique du Sud
c) Amérique du Nord

73. Dans quel pays se trouve **Rio de Janeiro** ?

a) Brésil
b) Espagne
c) Bolivie

74. Dans quel pays se trouve l'île de **Java** ?

....

75. Où se situe l'**Alhambra,** superbe palais maure ?

a) Maroc
b) Afrique du Sud
c) Espagne

76. Combien de pattes possède l'**araignée** ?

....

77. Quelles sont les couleurs du **drapeau japonais** ?

....

78. Combien y a-t-il de pointes sur la **couronne** de la **statue de la Liberté** ?

a) 6
b) 7
c) 8

79. Quel fut le dernier État à rejoindre les **États-Unis d'Amérique** ?

....

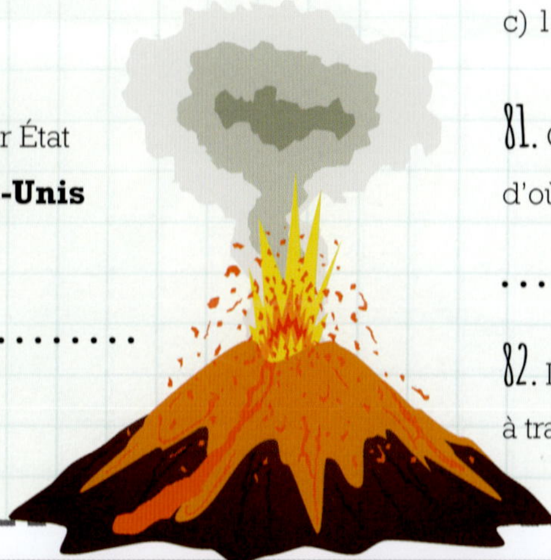

80. Combien les **États-Unis** comptent-ils d'**États** ?

a) 10
b) 50
c) 100

81. Quels sont les **trois pays** d'où étaient originaires les Vikings ?

....

82. Il y a moins de **200 volcans actifs** à travers le monde. **Vrai ou faux ?**

RÉPONSES

1) Égypte
2) A
3) B
4) Noir, rouge et jaune
5) 40 000
6) 13
7) L'océan Atlantique et l'océan Indien
8) Le Sahara, en Afrique, avec plus de 9,4 millions de km²
9) C
10) Bleu, jaune et rouge
11) C
12) B
13) B
14) B
15) A
16) Russie
17) Faux. Le plus long fleuve est le Nil, en Afrique (6 693 km)
18) Faux. Les forêts tropicales sont chaudes et humides
19) Vrai
20) Vert, blanc et rouge
21) Faux. Mercure est la plus proche du Soleil. La Terre se trouve en troisième position
22) C
23) C
24) Canberra
25) Canada
26) Mexique
27) Un aqueduc
28) Le dromadaire une, le chameau deux
29) Vrai
30) Vrai
31) Faux. La météo s'étudie sur le court terme, le climat sur le long terme
32) L'Asie
33) Vrai
34) A
35) Deux : l'éléphant d'Afrique et l'éléphant d'Asie
36) Faux. Le poisson-chat n'a pas d'écailles.
37) C
38) C
39) Ovale
40) Berlin
41) 90
42) Amérique du Sud
43) New Delhi
44) Danemark
45) Deux : le dromadaire et le chameau de Bactriane
46) Une seule
47) Luxembourg
48) Île du Nord
49) L'océan Pacifique
50) L'attraction de la Lune
51) Le calmar géant
52) C
53) A
54) Vert, or et noir
55) Faux. Ils peuvent nager mais pas voler
56) Vert
57) C
58) A
59) Chocolat
60) Le dragon de Komodo
61) L'Inde
62) Le Liechtenstein
63) L'Antarctique
64) C
65) Le Danemark
66) L'océan Pacifique et l'océan Atlantique
67) A
68) B
69) L'Espagne
70) Le requin-baleine
71) C
72) B
73) A
74) L'Indonésie
75) C
76) Huit
77) Blanc et rouge
78) B
79) Hawaii
80) B
81) Norvège, Suède et Danemark
82) Faux. Il existe plus de 1 500 volcans potentiellement actifs et au moins 500 d'entre-eux ont donné lieu à des éruptions

Carte de l'index

Si tu veux savoir où se trouve un continent, une mer ou un pays en particulier, cherche son nom dans l'index (pages 158-159). Ses coordonnées (lettre + chiffre) t'aideront à le localiser avec précision sur la carte ci-contre.

H
J
K
L
M
N
O
1
2
3
4
5
6
7
8
9
10
11
OCÉAN ARCTIQUE
OCÉAN ARCTIQUE
Svalbard (Norvège)
MER DE BARENTS
MER DES LAPTEV
MER DE KARA
MER DE NORVÈGE
EUROPE
ASIE
AFRIQUE
OCÉANIE
ANTARCTIQUE
Suède
Finlande
Norvège
Russie
Mer Baltique
Estonie
Kaliningrad (Russie)
Lettonie
Lituanie
Danemark
Pays-Bas
Pologne
Biélorussie
Allemagne
Rép. tchèque
Ukraine
Luxembourg
Slovaquie
Suisse
Autriche
Hongrie
Moldavie
Slovénie
Croatie
Roumanie
Serbie
Kosovo
Bulgarie
Monaco
Italie
Macédoine
St-Marin
Bosnie-Herzégovine
Vatican
Monténégro
Grèce
Malte
Albanie
Tunisie
Mer Méditerranée
Mer Noire
Géorgie
Mer Caspienne
Azerbaïdjan
Arménie
Turquie
Chypre
Liban
Syrie
Irak
Israël et les Territoires palestiniens
Jordanie
Kazakhstan
Ouzbékistan
Kirghizistan
Turkménistan
Tadjikistan
Mongolie
Afghanistan
Iran
Koweït
Pakistan
Bahreïn
Qatar
Émirats arabes unis
Oman
Arabie saoudite
Mer Rouge
Yémen
Mer d'Oman
Inde
Népal
Bhoutan
Bangladesh
Myanmar (Birmanie)
Laos
Chine
Corée du Nord
Corée du Sud
Mer du Japon
Japon
Mer d'Okhotsk
Mer de Béring
Taïwan
Golfe du Bengale
Mer d'Andaman
Thaïlande
Cambodge
Viêtnam
Mer de Chine méridionale
Philippines
Sri Lanka
Maldives
Brunei
Malaisie
Singapour
Indonésie
Timor oriental
Papouasie-Nouvelle-Guinée
Palaos (Palau)
MER DES PHILIPPINES
Mariannes du Nord (É.-U.)
Guam (É.-U.)
États fédérés de Micronésie
Îles Marshall
Nauru
Kiribati
Îles Salomon
Tuvalu
Vanuatu
Fidji
OCÉAN PACIFIQUE NORD
MER DE CORAIL
Nouvelle-Calédonie (France)
OCÉAN PACIFIQUE SUD
Australie
Grande Baie australienne
Nouvelle-Zélande
MER DE TASMAN
Algérie
Libye
Égypte
Niger
Tchad
Soudan
Érythrée
Djibouti
Somaliland
Bénin
Nigeria
République centrafricaine
Soudan du Sud
Éthiopie
Cameroun
Somalie
Guinée équatoriale
Ouganda
Kenya
Gabon
Congo
République démocratique du Congo
Rwanda
Burundi
Tanzanie
Principe
Cabinda (Angola)
Seychelles
Comores
Mayotte (France)
Angola
Malawi
Zambie
Mozambique
Madagascar
Canal de Mozambique
Maurice
Réunion (France)
Namibie
Zimbabwe
Botswana
Swaziland
Afrique du Sud
Lesotho
OCÉAN INDIEN
Îles du Prince-Édouard (Afrique du Sud)
Terres australes et antarctiques françaises
Îles Heard et McDonald (Australie)
OCÉAN AUSTRAL
OCÉAN AUSTRAL

Index

A

B

C

D

E

F

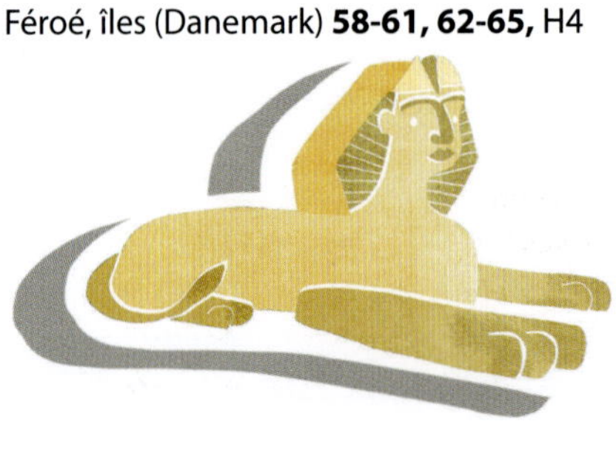

G

H

I

H J K L M N O
1 2 3 4 5 6 7 8 9 10 11
OCÉAN ARCTIQUE
OCÉAN ARCTIQUE
Svalbard (Norvège)
MER DE BARENTS
MER DES LAPTEV
MER DE KARA
MER DE NORVÈGE
Suède
Finlande
Norvège
Russie
EUROPE
ASIE
Mer Baltique
Estonie
Kaliningrad (Russie)
Lettonie
Lituanie
Danemark
Mer du Nord
Mer d'Okhotsk
Mer de Béring
Pays-Bas
Pologne
Biélorussie
Allemagne
Rép. tchèque
Ukraine
Luxembourg
Slovaquie
Autriche
Hongrie
Moldavie
Suisse
Slovénie
Croatie
Roumanie
Serbie
Kosovo
Bulgarie
Macédoine
Monaco
Italie
St-Marin
Bosnie-Herzégovine
Vatican
Monténégro
Grèce
Albanie
Malte
Tunisie
Mer Noire
Géorgie
Arménie
Azerbaïdjan
Mer Caspienne
Kazakhstan
Ouzbékistan
Kirghizistan
Turkménistan
Tadjikistan
Mongolie
Turquie
Chypre
Syrie
Liban
Israël et les Territoires palestiniens
Jordanie
Irak
Iran
Afghanistan
Pakistan
Koweït
Bahreïn
Qatar
Émirats arabes unis
Arabie saoudite
Oman
Yémen
Mer Méditerranée
Mer Rouge
Mer d'Oman
Chine
Corée du Nord
Corée du Sud
Mer du Japon
Japon
Népal
Bhoutan
Bangladesh
Inde
Myanmar (Birmanie)
Laos
Thaïlande
Cambodge
Viêtnam
Taïwan
Philippines
Golfe du Bengale
Mer d'Andaman
Mer de Chine méridionale
MER DES PHILIPPINES
OCÉAN PACIFIQUE NORD
Mariannes du Nord (É.-U.)
Guam (É.-U.)
Îles Marshall
États fédérés de Micronésie
Palaos (Palau)
Sri Lanka
Maldives
Brunei
Malaisie
Singapour
Indonésie
Nauru
Kiribati
Îles Salomon
Papouasie-Nouvelle-Guinée
Timor oriental
Tuvalu
Vanuatu
Fidji
MER DE CORAIL
Nouvelle-Calédonie (France)
Australie
OCÉAN PACIFIQUE SUD
OCÉANIE
Nouvelle-Zélande
MER DE TASMAN
Grande Baie australienne
Algérie
Libye
Égypte
AFRIQUE
Niger
Tchad
Soudan
Érythrée
Djibouti
Somaliland
Éthiopie
Nigeria
République centrafricaine
Soudan du Sud
Somalie
Cameroun
Guinée équatoriale
Ouganda
Kenya
Gabon
Congo
République démocratique du Congo
Rwanda
Burundi
Tanzanie
Cabinda (Angola)
Seychelles
Comores
Mayotte (France)
Angola
Malawi
Zambie
Mozambique
Namibie
Zimbabwe
Canal de Mozambique
Madagascar
Maurice
Réunion (France)
Botswana
Swaziland
Afrique du Sud
Lesotho
OCÉAN INDIEN
Îles du Prince-Édouard (Afrique du Sud)
Terres australes et antarctiques françaises
Îles Heard et McDonald (Australie)
OCÉAN AUSTRAL
OCÉAN AUSTRAL
ANTARCTIQUE

Index

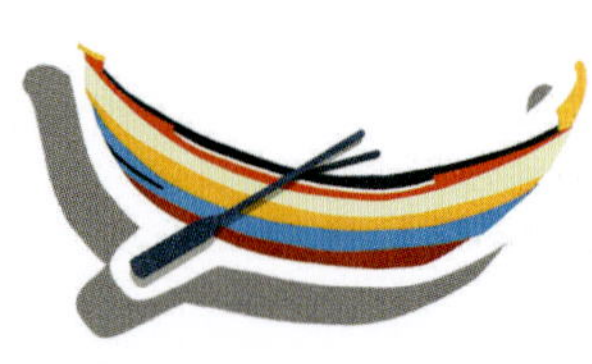

Crédits et remerciements

1re édition
Octobre 2015

Traduit et adapté de l'ouvrage *Lonely Planet Kids World Atlas, October 2014*

Dépôt légal Octobre 2015
ISBN 978-2-81615-186-2

Imprimé à Singapour

MIXTE
Papier issu de sources responsables
FSC® C021741

Le papier de cet ouvrage est certifié Forest Stewardship Council®. FSC® promeut un mode de gestion des forêts responsable de l'environnement, socialement bénéfique et économiquement viable.

ÉDITION AUSTRALIENNE

Directeur éditorial Piers Pickard
Éditeur Mina Patria
Directeur artistique Beverley Speight
Chef de projet Jessica Cole
Auteurs Deborah Murrell, Philip Steele
Illustratrice Alice Lickens
Maquettistes Kevin Knight, Lisa McCormick
Iconographie Shweta Andrews
Cartographie Wayne Murphy, Anita Banh, Corey Hutchinson
Prépresse Tag Response
Impression Larissa Frost

Merci à Joe Bindloss, Jo Cooke, Laura Crawford, Megan Eaves, Helen Elfer, Lisa Eyre, Jen Feroze, Sue Grabham, Gemma Graham, Alex Howard, Nigel Longuet, Andy Mansfield, Kate Morgan, MaSovaida Morgan, Matt Phillips, Dee Pilgrim, Sarah Reid, James Smart, Dan Tucker, Anna Tyler, Branislava Vladisavljevic, Tasmin Waby, Dora Whitaker, Clifton Wilkinson

ÉDITION FRANÇAISE

Traduction Christine Bouard-Schwartz
Direction éditoriale Didier Férat
Coordination éditoriale Dominique Bovet
Responsable prépresse Jean-Noël Doan
Maquette Valérie Police
Couverture Annabelle Henry
Relecture Christiane Mouttet

CRÉDITS PHOTOS

LÉGENDE : h=haut, hc=haut centre, hd=haut droite, hg=haut gauche, hcd=haut centre droite, hcg=haut centre gauche, c=centre, cd=centre droite, cg=centre gauche, ch=centre haut, cb=centre bas, cgh=centre gauche haut, cdh=centre droite haut, cgb= centre gauche bas, cdb=centre droite bas, b=bas, bc=bas centre, bd=bas droite, bg=bas gauche, ap=arrière-plan.

Corbis 11hc, 29bg, 63h, 80c, 91bd, 96, 102 - 103c, 102ap, 127bd, 139hd, 142ap, 142bg, 143cb, 148hd, 148cd, 149cd.

Getty Images 11cg, 11cdb, 18b, 19h, 19c, 28ap, 28h, 29hc, 29hd, 29cdh, 29cdb, 29cb, 29cgb, 29cg, 29hg, 29hcg, 30h, 40, 42cd, 43hd, 43c, 43cg, 44, 48ap, 48hd, 48cdh, 48c, 48cgb, 49hd, 49cd, 49cdb, 49c, 49cb, 49cgb, 49cg, 49cgh, 49hg, 49bg, 50cd, 50ap, 51hd, 51cdb, 52, 54ap, 55cg, 56, 60ap, 60hd, 60cdh, 60c, 60bc, 61hc, 61hd, 61cd, 61cdb, 61cb, 61cgb, 61cg, 61cgh, 61hg, 62h, 62cd, 62ap, 62bg, 63bd, 64, 64cb, 66hd, 66cd, 66cdb, 66ap, 66bg, 67cdb, 68, 70bg, 70 - 71ap, 70 - 71b, 71hd, 71cd, 71cg, 72, 74hd, 74cd, 74ap, 75hd, 75bd, 75bc, 76, 76c, 78hd, 78cd, 78 - 79ap, 78bg, 79bd, 80, 81cgb, 82hd, 82cd, 82ap, 83hd, 83cd, 83bc, 84, 88ap, 88hc, 88cdb, 88bd, 89hc, 89hd, 89cdh, 89cd, 89cdb, 89cb, 89cgb, 89cg, 89hg, 89bg, 90cd, 90ap, 91c, 92, 94hd, 94cd, 94ap, 94bg, 95hd, 95cd, 98hd, 98cd, 98ap, 98bg, 99cd, 99bc, 100, 102hd, 103hd, 103bd, 104, 106hg, 106cg, 107hg, 108, 110hd, 110bg, 111hd, 111bc, 112, 116ap, 116bd, 118hd, 118cd, 118bd, 118bc, 119cg, 119bd, 120, 122cd, 122ap, 122cg, 123cdh, 124, 126cd, 126, 127hd, 127cg, 128, 130cd, 130bg, 131cdb, 131c, 132, 136ap, 136hd, 136cdh, 136bd, 137hc, 137hd, 137ch, 137cdh, 137cdb, 137cb, 137cgb, 137cg, 137hg, 138hd, 138cd, 138bd, 138ap, 139bd, 140, 142cd, 143bc, 143bd, 144, 148 - 149ap, 149cg.

Indiapicture 29bd, 49hc, 49bd, 61bd, 61bg, 82bg, 84c, 88ch, 89bd, 102bg, 117bg, 117bd, 137bd, 137bg.

iStock 6c, 8cd, 13hg, 13hd, 13cdh, 13cb, 13cgb, 15bd, 16bcg, 16bcd, 19b, 20b, 28cd, 28b, 28cgb, 30ap, 30bg, 30cdb, 31cdb, 32, 34cgh, 34cdb, 34ap, 35hd, 35bd, 35bc, 36, 37c, 37cd, 38hd, 38cd, 38ap, 39hc, 39cg, 39b, 42ap, 43cd, 43b, 48bg, 50hd, 50bg, 54hd, 54cd, 54bd, 54bg, 74 - 75b, 90c, 105cg, 110ap, 116hd, 116ch, 116cd, 117hc, 117hd, 117cdh, 117cd, 117cdb, 117cgb, 117cg, 117cgh, 117hg, 118ap, 118bg, 119c, 122hd, 123bd, 126bg, 130ap, 131hc, 136cd, 139c, 139cgb, 142bd, 143hd, 143cdb, 152bc, 154bc.

National Aeronautics and Space Administration (NASA) 37cb.

Shutterstock 33hg, 65cgh, 70hd, 70hd, 93h, 110cd.